U0151000

网络靶场导论

Introduction to the Cyber Ranges

［印度］ 比什瓦吉特·潘迪（Bishwajeet Pandey）
沙贝尔·艾哈迈德（Shabeer Ahmad） 著

姜山 岳明桥 丁力军 等译

国防工业出版社

·北京·

著作权合同登记 图字：01-2023-5252 号

图书在版编目（CIP）数据

网络靶场导论 /（印）比什瓦吉特·潘迪，（印）沙
贝尔·艾哈迈德著；姜山等译. —北京：国防工业出
版社，2024.4
书名原文：Introduction to the Cyber Ranges
ISBN 978-7-118-13206-9

Ⅰ.①网… Ⅱ.①比… ②沙… ③姜… Ⅲ.①计算机
网络—网络安全 Ⅳ.①TP393.08

中国国家版本馆 CIP 数据核字（2024）第 064211 号

※

国防工业出版社出版发行

（北京市海淀区紫竹院南路 23 号 邮政编码 100048）
北京虎彩文化传播有限公司印刷
新华书店经售

*

开本 710×1000 1/16 印张 14 字数 220 千字
2024 年 4 月第 1 版第 1 次印刷 印数 1—1200 册 定价 116.00 元

（本书如有印装错误，我社负责调换）

国防书店：（010）88540777　　书店传真：（010）88540776
发行业务：（010）88540717　　发行传真：（010）88540762

翻译委员会

前　言

　　艾哈迈德（Shabeer Ahmad）博士和我对网络安全和网络物理系统方面有共同的研究兴趣，他曾建立过一个基于真实供水系统的混合网络靶场模型，我也在毕业论文中设计了一个供水系统仿真器。多年来，我们都积极、独立地为这些研究领域做出了贡献。编写本书的目的是交流我们的知识，培养读者对网络安全和网络靶场方面的兴趣和参与动力。

　　网络靶场是广泛用于研究、开发和培训的平台，应用范围涵盖军事、学术、商业领域。我们的目标是为读者提供一个简单但详细的关于网络靶场的介绍和分析。本书汇集了理论和技术知识，以及对现有若干网络靶场的全面案例研究。希望本书能鼓励我们的读者为网络靶场的前沿方向做出贡献并进一步研究探索。

比什瓦吉特·潘迪（Bishwajeet Pandey）

目　录

第1章
概　述

1.1　网络态势感知

在日常生活中，态势感知（SA）可以被定义为对周围发生的事情保持警觉并掌握相关信息，因此，它的概念并不局限于某一领域。例如，一些企业希望对其商业模式或资产中可能存在的敏感问题做出响应，以避免任何形式对其脆弱性的操纵利用。Endsley（前美国空军首席科学家）对态势感知给出了一个更为复杂的定义，根据她的说法，态势感知包括察觉感知环境中的物理元素，理解它们的意义并预测它们将如何发展。态势感知的 4 个重点要素有利于做出正确的决策。

（1）认知：个体自身关于附加实体和环境因素变化趋势的认知。

（2）理解：通过对形势和周围环境不断变化的分析，理解系统外在改变的原因、影响以及产生的后果。

（3）预测：从现有和即将发生的情况分析，对可能的发展趋势进行预测。

（4）解决办法：包括补救和恢复对系统造成的损伤。

网络态势感知是一种新的方法理论，用于解决复杂多变的网络攻击，对计算机网络、信息物理系统（CPS）以及企业基础设施现有脆弱点的渗透利用。在学术、军事和商业领域，网络态势感知被认为是处理网络安全问题的前沿手段（Onwubiko，2016）。在网络空间和网络安全的大背景下，网络态势感知已成为网络安全的重要组成部分，个人、企业和相应团队可以应用态势感知的重点要素，来应对现实中的网络威胁（Gutzwille 等，2020）。以下说明了网络系统中应用态势感知技术的重要性：

（1）电子商务企业。目前，电子商务网站（如 eBay 和 Amazon）上每天都有大量的交易被处理，为了保证能够顺利地开展各项业务，了解网络基础设施和组件的漏洞，监测、分析各种潜在的网络威胁是至关重要的。

（2）政府安全机构（GSA）。政府安全机构监管着数百万公民的大量资产和国家关键基础设施，有责任保护海内外公民的财产安全，确保记录和存储每个公民资产的数据库不受到影响。

网络态势感知将人员（操作人员/团队）、技术、流程融为一体，用态势感知要素来描述网络系统中随着时间而变化的所有态势信息。

首先，网络组件，如入侵检测（ID）、防火墙、监控系统和扫描器，收集数据信息、告警信息、日志信息等，安全操作人员/团队使用这些数据来感知态势并跟踪潜在的网络威胁。然后，安全操作人员/团队使用相关安全技术和程序，评估、对比、整合所获取数据，以了解当前的状态并更新知识库。而后，基于所获取和掌握的数据，安全操作人员/团队可以准确地预测会遭到何种网络攻击。他们可以回答这样的问题：什么样的网络场景可能会发生，对手有哪些可行的方法可以操纵或利用当前的脆弱性，以及可以采取哪些应对措施。最后，安全操作人员/团队能够提出所需的一系列行动和反制措施，并采用合理方式以解决网络中的内部风险或网络攻击威胁。

网络态势感知可以帮助组织机构及时地识别、掌握和处理系统中存在的网络威胁等信息。网络靶场（CR）和测试平台工具包含了网络态势感知的相关要素，可以帮助安全分析师详细地了解网络攻击的发生过程，并为实施能够有效阻止违规行为的反控制措施提供技术支撑。网络态势感知系统必须包括能够提供同步传感器数据的测试环境，在不同的抽象阶段对环境要素进行语言描述，并将对手采取的操作手段融合展示在态势中（Okolica 等，2009）。网络态势感知和网络安全还可推及风险管理评估，基于数据、网络、系统、应用程序中存在的脆弱性，评估当前态势对任务产生的影响（Matthews 等，2016）。

以下是网络态势感知系统的一些应用场景。

（1）数据源：网络态势感知系统可用于生成完整和高质量的数据，为其他用户、利益相关者和其他系统提供真实、可靠的数据。

（2）资产的组织和关联：网络态势感知系统是一个资产共享和梳理的通用平台，通过组织资产并梳理它们之间的依赖关系和关联关系，使资产更容易被用户识别，并在网络中的物理单元和逻辑单元之间进行共享。通过研究网络中已有资产的使用情况，也可以开发出新的组件和网络态势感知场景。

（3）评估风险：通过评估网络威胁潜在的影响，实现对态势的理解和预测。这种评估可以使用情景模拟或使用以前的网络攻击数据来进行，有助于系统更好地调整网络防御措施。

（4）系统监控：用户可以通过虚拟环境或可视化的方式，观察系统各组成部分的性能，这对于检测和分析任何可疑活动都是有帮助的。

（5）事件处理：要采取适当的响应行动，必须先了解当前的状况，并通过检查发现可能会发生的网络攻击事件。系统将有助于用户对情况进行深入分析，如确定攻击的来源或攻击可能产生的后果。

1.2 定义

网络靶场是错综复杂的虚拟化配置，它提供了大量的现实网络安全事件（如网络攻击、网络战争）原型、高质量的网络安全训练服务、多模式的科学研究环境，并可训练事件管理和应急响应等方面的专业技能。如图 1.1 所示，一个最佳的网络靶场可以提供对于模拟事件的即时反馈，为不同团队提供虚拟化的训练环境，也可为多个团队测试其安全策略以及基于性能的评估提供研究环境（Urias 等，2018）。

网络靶场为开展网络演习（CE）提供了动态的模拟环境、人员参与途径、基础设施以及专业化的场景，这对训练和测试人员的应对能力是至关重要的。组织机构的全体人员利用网络安全训练和演习，来提高他们在事件响应、恶意软件分析、网络安全取证等方面的灵活应对能力。利用网络靶场，团队充分协作，演练如何缓解和减少针对基础设施的网络威胁和网络攻击。部门内部的网络演习旨在加强危机管理、事件响应和人员的应对能力，而跨部门的网络演习则侧重于培养和教授专业技能，提高网络安全感知能力，以及达成信息共享。

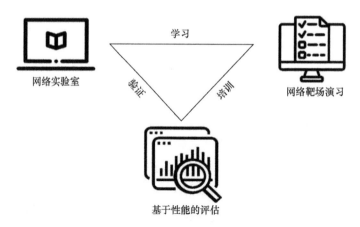

图 1.1　网络靶场环境

网络靶场演习中常见的任务之一是抵御团队协同的攻击者，保护数据采集与监视控制系统（SCADA）/工业控制系统（ICS）等在内的重要 IT 基础设施，（Vykopal 等，2017b）。人员被分为 4 个主要的团队，每个团队在演习中被分配不同的任务，如图 1.2 所示。首先，各团队要熟悉虚拟化的基础设施和演习规则，然后开始针对性训练。红队的任务是侦查目标网络基础设施，找到并利用系统中存在的漏洞，并最终破坏所有的网络组件，造成控制系统的关闭。与此相反，蓝队的任务则是分析和修复系统的脆弱性，并执行相关策略来阻止红队所设计的攻击。

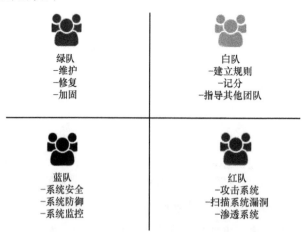

图 1.2　网络靶场演习中的角色分工

理想的测试平台环境包括安装了 VirtualBox 软件的主机，如图 1.3 所示，它是测试用的一台物理机器，承载着两个虚拟机——Development 机器和 Devstack 主机（Hackingloops，2021），使用 NAT 地址转换模式接入并访问互联网，这三台机器使用 host-only adapter（仅主机）网络模式相互通信。

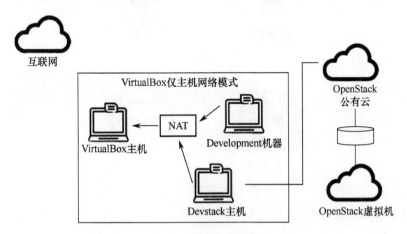

图 1.3　测试平台环境

1.3　网络靶场需求分析

针对大型设施的网络攻击，如震网病毒（Denning，2012），让人们意识到这些攻击事件造成巨大损失的严重性，以及对员工进行安全培训的弹性需求（Benson，2021）。

震网蠕虫病毒（Stuxnet）最初针对的是伊朗纳坦兹的铀浓缩工厂，后来也扩散到其他国家，它破坏了关键基础设施，造成了巨大的财产损失。这一事件触发了改进和创新网络态势感知技术的迫切需求（Lallie 等，2021）。

网络安全已经从将用户视为一个脆弱的环节，转变为培训他们预测针对基础设施的网络威胁，并采取行动应对网络攻击，以强化组织的安全状况（Vozikis 等，2020）。随着网络攻击案件的频繁出现，组织需要相对成熟的培训平台，让他们的网络安全团队能够在实用的和沉浸式的环境中获得实践经验。

1.3.1 网络靶场应用场景

如图 1.4 所示，网络靶场主要应用于学术和商业领域。

行业专家 学生

教育工作者 组织

图 1.4 网络靶场用户

1）在组织机构中

（1）任何商业活动都依赖于虚拟专用网络，用于居住在世界不同地区的独立团队开展日常工作，这种类型的网络架构面临着各种形式的网络攻击。

（2）如果网络设备制造商成为被网络攻击的目标，就会导致硬件故障或性能下降，这反过来又会影响客户以及收益。

机构可以利用网络靶场开展以下活动：

（1）测试新技术，评估新发布软件、产品以及机构调整后的网络安全能力。

（2）在开始进入组织机构和培训人员技能之前，为网络团队准备组织方面的配置和技术方面的指导。

2）在不同部门中

专业人员利用网络靶场在不同的网络攻击场景下进行训练，培养个人和团队的知识和技能。这些专业人员可以来自不同的领域方向，例如：

（1）IT 人员。

（2）执法人员。

（3）紧急事件处理人员。

（4）网络安全人员。

3）在学术领域

（1）教育工作者使用网络靶场作为课堂辅助工具，开设基础和高级网络安全教育课程，并对学生进行指导和评价。

（2）学习者可以利用网络靶场在虚拟网络环境中抓取数据、获得网络技能，在团队协作中应对网络攻击，并通过网络资格认证考试。

1.3.2 网络靶场培训的优点

1）获取实践经验

对于网络安全分析人员/团队来说，网络靶场提供了一个虚拟环境，用于组织培训、提高网络防御技能，并为组织机构开展各种投资活动提供关键信息。这为团队提供了了解其他部门职责的沟通渠道，增强了企业各部门之间的团队合作，这在传统的培训模式中可能无法有效实现。实践培训有助于人员更好地适应网络安全行业的快速发展（Darwish 等，2020）。

2）适应不断变化的新的网络场景

网络攻击模式发展变化迅速，网络安全人员需要跟上这种节奏变化，能够适应并应对新的攻击方式。在网络靶场中，网络安全团队能够在众多工具和操作手册的帮助下，练习如何应对现实世界中的网络威胁。当网络安全团队在逼真的模拟环境中为针对非法入侵进行有关训练时，他们能够快速积累更多的专业知识，并在系统出现真实的入侵状况时，能够采取积极的应对措施。

3）高水平的结构性安全

网络靶场提供了真实和可控的训练测试平台，帮助团队即时地处理任何危机情况。团队拥有的知识和经验越多，就能够越好地执行经过验证测试的、高效的安全策略，保护基础设施免受攻击。

4）研究和测试新技术

网络安全人员可以在虚拟环境中安全地测试新技术和解决方案，并在操作设施投入工作之前进行必要的评估。构建模拟环境是一种低成本、低风险的方法，用于孵化先进的技术方法并从失败中总结经验教训。在虚拟环境中所有被评估的新技术，将来都可以被应用到防护系统的安全策略中。

5）改善安全文化

网络靶场可以帮助团队发现协作过程中的矛盾问题，并帮助雇主确定他们是否雇用了能够在技术上和人际关系上都能够胜任的团队。网络文化和网络弹性同样重要，更关键的是，网络安全团队能够有效地相互配合协作，这将会直接影响到他们在压力环境下如何处理网络安全相关问题。

6）复现网络攻击

在应对实时的高级持续性威胁（APT）和人工智能（AI）攻击时，网络攻击培训是有效果的。网络靶场提供了一个安全可控的环境，人员和团队可以针对这种实时攻击进行学习和训练，网络安全团队通过场景复现 APT 攻击，验证基础设施的安全性，进而可以应对更为先进的、更具针对性的网络攻击。

7）评估潜在的聘用者

网络靶场虚拟环境可以帮助雇主评估个人优势并给予评价反馈。在工作面试期间，根据应聘者在团队中和压力条件下进行协作和沟通的现实表现，来评估是否聘用。

1.4　网络靶场即服务

网络靶场能够以服务的模式被访问，其所有权和管理权归属网络靶场供应商，供应商为网络靶场服务模式提供详细的功能和相应的权限范围。网络靶场基于云技术开发，客户可以远程访问。例如，AWS（亚马逊云计算服务）为创建独立的网络靶场提供了多种服务（Formento 等，2021）：

（1）Amazon VPC（亚马逊虚拟私有云）为用户自定义的虚拟网络提供一个逻辑上远端的 AWS 分区，用于启动 AWS 资源。

（2）AWS Transit Gateway 服务允许用户将 Amazon VPC 和内部网络连接到不同的网关。

网络靶场即服务（CRaaS）是由云或数据中心提供的环境和接口组件的组合体。

1.5 私有网络靶场

私有网络靶场托管在一个机构内部的物理位置上，它们提供更全面的培训设施，如汇报室和休息室。与网络靶场即服务相比，私有网络靶场造价相当昂贵，它更适合于通过加强控制和提供资源部署能力，来满足机构特定的安全需要。

如图 1.5 所示，该平台可通过外部工具（如外部真实系统和物理 IT 设备）的接口访问，以满足复杂环境的要求（CyberRange，2021）。

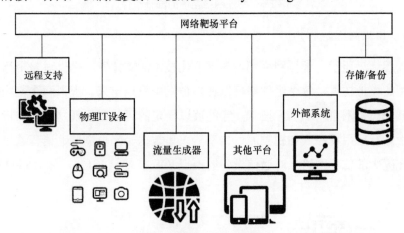

图 1.5　私有网络靶场组件

1.6 网络靶场分类

网络靶场有三种不同的类型。

1）物理网络靶场

如图 1.6 所示，物理网络靶场可以为物理网络或计算基础设施（如交换机、路由器、防火墙、服务器、终端等）创建成熟完整的原型，如美国国防部

Cybertropolis 靶场（Deckard，2018）、数据采集与监视控制系统 SCADA（Ahmed 等，2016）和安全水处理平台 Swat（Mathur 等，2016）。

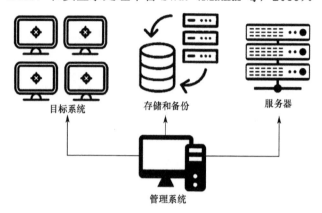

图 1.6　物理网络靶场的部分组件

2）虚拟网络靶场

如图 1.7 所示，虚拟网络靶场在虚拟化技术的支撑下，提供对整个计算基础设施的模拟仿真，每个组件都可以在虚拟机中模拟出来。虚拟网络靶场的核心是软件虚拟网络（SVN）技术，它能够以一定的可信度呈现网络结构特征，在其上运行应用程序（如视频流、传感器采集数据、网页浏览、语音通信等）都是在庞大的仿真网络上对通信设备的模拟（Wihl 等，2012），如 KYPO 靶场（Vykopal 等，2017a）。

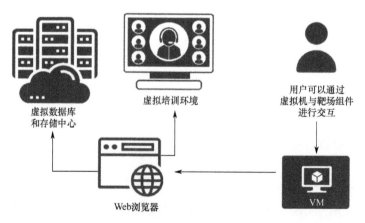

图 1.7　虚拟网络靶场的部分组件

3）混合型网络靶场

混合型网络靶场是虚拟和物理网络靶场的混合体。在混合网络靶场环境中，如图 1.8 所示，虚拟元素和实体元素被融合在一起使用，也被称为网络—物理靶场。例如，在真实的物理设备上构建虚拟的 Windows 或 Linux 操作系统，并将其连接到视频监控或其他硬件设备上，如网络打印机、VoIP 电话、适配器等，或者连接到真实安全设备上，如防火墙、IPS/ID 等。

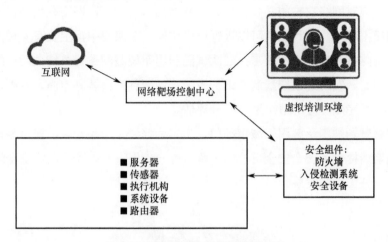

图 1.8　混合型网络靶场的部分组件

混合型网络靶场被广泛应用于供水系统和发电厂（Cintuglu 等，2016；Holm 等，2015），也被用于监测智能电网中通信协议的安全性（Tebekaemi 等，2016）。PowerCyber 靶场（Ashok 等，2016）就是被用于监控智能电网安全性的用例。

1.7　小结

网络靶场是组织人员训练、执行网络安全测试、分析系统中的故障部件和漏洞以及培养团队协作精神的有效工具。在真实的 IT 系统上执行网络安全测试是不现实也是不稳定的，因此，通过在网络靶场上构建测试平台是更加理想的选择。

此外，网络靶场结合了网络态势感知的 4 个重点要素——认知、理解、预测和解决办法。网络靶场提供了网络基础设施的虚拟化原型，网络安全人员可以了解分析系统中组件的故障、漏洞以及敏感性，通过使用这些收集到的信息来准备应对方法和解决方案，可以有效解决系统中存在的问题。这些解决方案是基于对这些复杂问题如何损害系统的预测，因此，所开发的解决方案在被投入生产之前，需要在虚拟环境中提前进行测试。

就目前的技术条件而言，复杂的网络靶场是一个机构进行各种技术评估和培训人员应对网络攻击的必要条件。在网络演习场景中，网络靶场不仅提供了最佳的模拟环境，而且团队可以进行自由访问。在演习中，主要有4种团队：蓝队负责防御来自红队的攻击；红队试图利用系统漏洞致使系统关闭；绿队负责修复由蓝队发现的系统漏洞并维护系统正常运行；白队制定演习规则，并根据各个小组完成任务的情况进行打分评估。

网络靶场被广泛应用于城市部门，为实践培训、产品开发、安全测试和网络技能培训提供了一个安全可控的环境，进一步促进和推动了网络安全培训、教育和认证工作的发展。

参 考 文 献

Ahmed, I., Roussev, V., Johnson, W., Senthivel, S., Sudhakaran, S., 2016. A Scada system testbed for cybersecurity and forensic research and pedagogy. In: Proceedings of the 2nd Annual Industrial Control System Security Workshop, December 2016 Los Angeles. New York: Association for Computing Machinery, 1–9.

Airbus, 2021. CyberRange [online]. Available from: https://airbus-cyber-security.com/products-and-services/prevent/cyberrange/ [Accessed 27 Jan 2021].

Ashok, A., Krishnaswamy, S., Govindarasu, M., 2016. Powercyber: A remotely accessible testbed for cyber physical security of the smart grid. In: 2016 IEEE Power Energy Society Innovative Smart Grid Technologies Conference (ISGT), 6–9 September 2016 Minneapolis. New York: IEEE, 1–5.

Benson, P., 2021. Computer Virus Stuxnet a 'Game Changer' [online]. DHS official tells Senate. Available from: http://edition.cnn.com/2010/TECH/Web/11/17/stuxnet.virus.index.html [Accessed 20 Jan 2021].

Cintuglu, M. H., Mohammed, O. A., Akkaya, K., Uluagac, A. S., 2016. A survey on smart grid cyber-physical system testbeds. IEEE Communications Surveys & Tutorials, 19(1), 446–464.

Darwish, O., Stone, C. M., Karajeh, O., Alsinglawi, B., 2020. Survey of educational cyber ranges. Web, Artificial Intelligence and Network Applications, 1150(1), 1037–1045.

Deckard, G. M., 2018. Cybertropolis: Breaking the paradigm of cyber-ranges and testbeds. In: IEEE International Symposium on Technologies for Homeland Security (HST), 23–24 October 2018 Woburn. New York: IEEE, 1–4.

Denning, D. E., 2012. Stuxnet: What has changed? Future Internet, 4(3), 672–687.

Formento, Jr, J., Cerini, A., 2021. What is a cyber range and how do you build one on AWS? [online]. AWS Security Blog. Available from: https://aws.amazon.com/blogs/security/what-is-cyber-range-how-do-you-build-one-aws/ [Accessed 26 Jan 2021].

Gutzwiller, R., Dykstra, J., Payne, B., 2020. Gaps and opportunities in situational awareness for cybersecurity. Digital Threats: Research and Practice, 1(3), 1–6.

Hackingloops, 2021. The spinning wheels behind the evolving cyber ranges [online]. Hackingloops. Available from: https://www.hackingloops.com/cyber-ranges/ [Accessed on 26 Jan 2021].

Holm, H., Karresand, M., Vidstr¨om, A., Westring, E., 2015. A survey of industrial control system testbeds. In: Nordic Conference on Secure IT Systems, 19–21 October 2015 Stockholm. Switzerland: Springer International Publishing, 11–26.

Lallie, H. S., Shepherd, L. A., Nurse, J. R., Erola, A., Epiphaniou, G., Maple, C., Bellekens, X., 2021. Cyber security in the age of Covid-19: A timeline and analysis of cyber-crime and cyber-attacks during the pandemic. Computers & Security, 105(1), 1–20.

Mathur, A. P., Tippenhauer, N. O., 2016. Swat: A water treatment testbed for research and training on ICS security. In: International Workshop on Cyber-Physical Systems for Smart Water Networks (CySWater), 11–11 April 2016 Vienna. New York: IEEE, 31–36.

Matthews, E. D., Arata III, H. J., Hale, B. L., 2016. Cyber situational awareness. JSTOR, 1(1), 35–46.

Okolica, J., McDonald, J. T., Peterson, G. L., Mills, R. F., Haas, M. W., 2009. Developing systems for cyber situational awareness. In: 2nd Cyberspace Research Workshop, 15–15 June 2009 Louisiana. Louisiana: Center for Secure Cyberspace, 46–56.

Onwubiko, C., 2016. Understanding cyber situation awareness. International Journal of Computer Science and Applications, 1(1), 11–30.

Tebekaemi, E., Wijesekera, D., 2016. Designing an IEC 61850 based power distribution substation simulation/emulation testbed for cyber-physical security studies. In: Proceedings of the First International Conference on Cyber-Technologies and Cyber-Systems, 9–13 October 2016 Venice. New York: IARIAXPS, 41–49.

Urias, V. E., Stout, W. M., Van Leeuwen, B., Lin, H., 2018. Cyber range infrastructure limitations and needs of tomorrow: A position paper. In: International Carnahan Conference on Security Technology (ICCST), 22–25 October 2018 Montreal. New York: IEEE, 1–5.

Vozikis, D., Darra, E., Kuusk, T., Kavallieros, D., Reintam, A., Bellekens, X., 2020. On the importance of cyber-security training for multi-vector energy distribution system operators [online]. In: Proceedings of the 15th International Conference on Availability, Reliability and Security, 25–28 August 2020. Available from: https://dl.acm.org/doi/abs/10.1145/3407023.3409313 [Accessed 20 Jan 2021].

Vykopal, J., Oslejsek, R., Celeda, P., Vizvary, M., Tovarnak, D., 2017a. Kypo cyber range: Design and use cases. In: Proceedings of the 12th International Conference on Software Technologies, 26–28 July 2017 Madrid. Madrid: SciTePress, 310–321.

Vykopal, J., Vizváry, M., Oslejsek, R., Celeda, P., Tovarnak, D., 2017b. Lessons learned from complex hands-on defence exercises in a cyber range. In: IEEE Frontiers in Education Conference (FIE), 18–21 October 2017 Indianapolis. New York: IEEE, 1–8.

Wihl, L., Varshney, M., 2012. A virtual cyber range for cyber warfare analysis and training [online]. In: Proceedings of the Interservice/Industry Training, Simulation, and Education Conference, 2012. Available from: https://www.scalable-networks.com/sites/default/files/White-Paper–Virtual-Cyber-Range-IITSEC-2012.pdf [Accessed 20 Jan 2021].

第 2 章
网络靶场架构设计和工具

2.1 架构模块和功能

网络靶场（CR）提供安全、综合的环境，不仅可以分析基础设施中存在的漏洞和威胁，还可以执行各种安全策略和产品测试。网络靶场的功能包括：运行威胁模拟环境；研究潜在的网络威胁；培训人员对网络事件的预先防范；测试和评估产品；等等。单一的网络靶场既可以实现以上所有功能，也可以只专注于提供某一个特定的功能。不同网络靶场可以提供不同类型的能力，包括开展研究，安全测试，基于云的、联邦的、网络演习（CSE）、数字取证及开源等（Ukwandu 等，2020）。根据其用途，网络靶场架构和使用工具也有所不同，如图 2.1 所示，网络靶场架构模型包括以下模块。

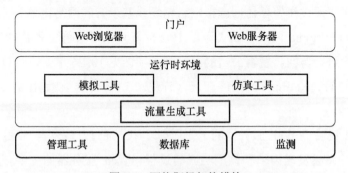

图 2.1　网络靶场架构模块

（1）门户：包含用户界面模块和前端技术。

（2）运行时环境：执行基于模拟或者仿真的工具和场景，包括用于复现实时网络流量情况的流量生成工具。

（3）管理工具：在开展网络演习期间，负责资源分配、团队管理和任务下发等工作。

（4）数据库：用于存储不同的演习模块，以及所有已完成演习的统计数据、日志信息等，常用 MySQL、NoSQL 等数据库。

（5）监测：为监控网络演习，研究网络攻击和威胁，以及测试安全产品提供技术支撑。

本节将详细讨论门户、运行时环境等网络靶场管理工具的功能。

2.1.1　门户

门户的主要功能是用于展示网络靶场，以及为各种类型的用户提供与测试平台之间的通信界面。与平台相关联的用户类型有：

（1）网络演习管理员。

（2）白队成员。

（3）研究人员。

（4）测试平台管理员。

（5）培训人员。

（6）网络演习参训人员。

用户可以通过浏览器访问虚拟网络靶场或基于云的网络靶场。基于云的网络靶场，如 Virginia 网络靶场（详见 10.2.5 节），可以通过常用的 Web 浏览器登录门户进行访问。空客公司的网络靶场（详见 10.1.5 节），可以通过网络接口进行访问。NetEngine 网络靶场（详见 10.1.3 节），使用 Apache 作为 Web 服务器。

图 2.2 说明了 Web 服务器的工作原理，用户通过互联网与 Web 服务器建立连接，并完成发送请求和预期响应的过程。Web 服务器的主要任务是对各种 HTML 文件、数据库和脚本语言的响应结果进行整合，生成符合用户要求的内容。Nginx、Apache 是网络靶场最常用的 Web 服务器，谷歌浏览器、火狐浏览器、微软 Edge 浏览器等都是常用的 Web 浏览器。

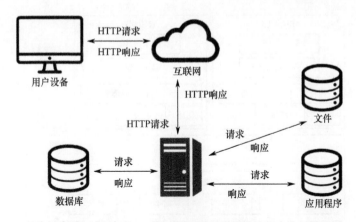

图 2.2 Web 服务器工作原理

2.1.2 运行时环境

该模块承载基于模拟或仿真的工具和场景，用于执行各种类型网络演习及其事件。它使用了网络流量生成工具，使模拟/仿真效果更加真实。在保证网络演习正常开展的同时，还可以进行安全评估、教育培训、场景创建和编辑等工作。本节将讨论一些用于模拟、仿真和网络流量生成的工具。

2.1.2.1 仿真工具

以下是网络靶场中常用的场景仿真工具。

1）VMWare

VMWare 是虚拟机仿真工具，最初是由斯坦福大学在开展操作系统技术研究时开发的产品（Nieh 等，2000）。如图 2.3 所示，它是操作系统硬件和虚拟化资源之间的软件层，负责对机器的硬件资源进行虚拟化操作。VMWare 创建了执行虚拟化硬件的环境，这些环境称为虚拟机。VMWare 具有以下优势：

（1）允许多个虚拟机同时运行。

（2）虚拟机与物理机硬件、其他系统资源是独立的。

（3）每个虚拟机可以在同一台物理机器上同时运行自己的操作系统，在实际硬件上运行的操作系统是宿主机操作系统，在 VMWare 上运行的操作系统是虚拟机操作系统。

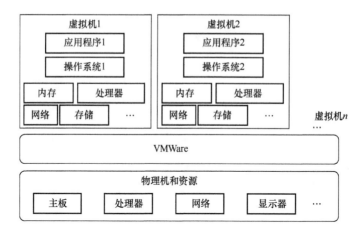

图 2.3   VMWare

美国陆军军官学校的信息战分析与研究实验室（USMA IWAR）、空客公司（Airbus）、CODE 和美国国防部的 VCSTC 等网络靶场都使用了 VMWare 技术。ESX server 作为 VMWare 的核心产品，以平台基础服务的方式向 IT 环境提供虚拟化的、分布式的工具（Infrastructure，2006）。ESX server 提供以下功能：

（1）可以直接安装在服务器硬件上。

（2）它将操作系统和硬件整合为一个健壮的虚拟化层。

（3）它可以在物理服务器上创建多个可移植且安全的分区，这些分区称为虚拟机。

（4）这些虚拟机由内存、处理器、存储网络和 BIOS 组成。

VMware 对于需要多个操作系统、故障隔离和内核级访问的环境非常有用（Nieh 等，2000）。VMWare 的资源控制允许用户和管理员对资源进行精确分配，既可以将资源完全分配给虚拟机，也可以依据虚拟机的重要性进行分配。如果没有资源控制功能，虚拟机可能会出现不可预测也不可接受的性能下降问题（Gulati 等，2012）。VMWare 中实现了三种基本资源控制方式。

（1）预留（Reservation）：它描述了指定资源的最小计量单位，对于 CPU 来说用兆赫兹表示，对于内存来说用兆字节表示。为了确保为该资源设置的所有预留总量不超过其实际容量，需要在虚拟机开机时进行准入控制。

（2）限制（Limit）：它明确了使用任何特定资源的上限，即使是在没有被明确设定的情况下也是如此。它确保虚拟机的消耗不超过其极限，即以虚拟机内存大小为限，尽管这可能会使一些资源未被使用。限制也可使用预留值的计量单位来表示。

（3）份额（Shares）：它规定了一种资源的权重或相对重要性，通过抽象的数值来表达。

VMWare 还包括一个资源池，它相当于一个容器，对资源的集合进行分类，并分配给一组虚拟机，此时准入控制会检查是否为虚拟机预留了足够资源。不同用户组或虚拟机之间分配和共享资源时，资源池是具有优势的，它包括一个父资源池，以及父资源池下面的子资源池和/或虚拟机。使用资源池具有以下优势：

（1）灵活的资源组织。资源的添加、删除和重组都可以按层次结构组织进行，用户可以根据自己的需求，对资源的分配设置进行计算。

（2）资源池之间相互隔离。资源池内部设置的变化不会妨碍其他资源池。

（3）用户无须为每个虚拟机单独设置资源，可以通过改变资源池的设置来控制所有虚拟机对资源的分配。

（4）管理员可以不依赖于提供资源的真实机器来管理资源。

2）虚拟机

虚拟机（VM）可以被描述为运行在物理服务器中的虚拟计算机，虚拟机本身运行在用户模式下。当前，虚拟机被广泛应用，其好处如下：

（1）在单个物理平台上运行多个虚拟机，可以节省大量的电力和维护成本。

（2）与其向开发者提供一个全新的环境，不如设置一个虚拟机更容易、更省时。

（3）虚拟机是可移植的，可以很轻松地从一个 hypervisor 移植到另一个 hypervisor 中，并在主机设备故障的情况下提供强大的备份能力。

（4）可扩展。用户可以根据自己的需求增加或删除应用程序或其他物理资源。

（5）由于虚拟机彼此之间以及与宿主机操作系统之间是独立运行的，因此，可以有效隔离病毒和恶意软件，从而保护主机。

虚拟机的性能可以根据资源冲突、所使用的虚拟化技术和虚拟机之间发生的交互等因素来评估（Tickoo 等，2010）。虚拟机仿真工具可以大致分为硬件辅助虚拟化和全软件虚拟化（Ferrie，2007）。VirtualBox、VMWare、Xen 等是硬件辅助虚拟化工具的代表，Hydra、QEMU、Bochsxiv 等是全软件虚拟化工具的代表。全软件虚拟化比硬件辅助虚拟化更具有优势，因为全软件虚拟化的虚拟机 CPU 不需要与主机的 CPU 匹配，这使得虚拟机操作系统可以在不同架构的机器之间自由移植。像 SIMTEX、DETERLab 和 Virginia 这些网络靶场在其架构中就使用了全软件虚拟化方式。

虚拟机监视器（VMM）是虚拟机技术的核心，可以将单个计算机的接口转化为多台虚拟机的接口（Goldberg，1974）。2005 年，VMM 提供了高效的计算和服务能力，使其再次成为热门话题。它是一个系统软件，如计算机硬件上运行的操作系统一样，负责输出虚拟机镜像，具体提供以下功能：

（1）在物理机发生故障或离线，或其他机器上线的情况时，VMM 会重新映射所有虚拟机。

（2）使虚拟机之间相互隔离，并管理着虚拟机对其底层硬件的访问。

（3）提供实际硬件的统一视图，使属于不同供应商、具有不同输入/输出（I/O）子系统的机器看起来是一样的，并允许虚拟机在任何可访问的机器上运行。

（4）一种增强系统安全性和健壮性的工具，不必担心该程序占用空间。

3）OpenNebula

OpenNebula 是一个虚拟化工具，用于管理私有云中虚拟化的基础设施（Yadav，2013）。该工具最初是 I.M.Liorente 和 R.S.Montero 在 2005 年负责的一个研究项目，并在 2008 年被公开发布。更重要的是，它是一个为云计算提供服务的开源平台，如图 2.4 所示，为云计算环境管理虚拟机并提供基础设施即服务（IaaS）（Sempolinski 等，2010），具有经典的集群式架构，使用物理网络将前端和一组运行虚拟机的集群节点相互连接在一起。它具有以下特点：

（1）采用了与 AWS 兼容的 API（应用程序编程接口）及其服务，如 AMI、EBS 和 EC2。

（2）可以部署其他类型的云，如混合云和公有云。

（3）大部分组件是用 C++、JAVA 和 Ruby 等语言编写的。

（4）支持 hypervisor，如 VMWare、Xen 和 KVM 等。

（5）支持 CentOS、Fedora、Debian、RHEL 和 Ubuntu 等操作系统。

（6）后端使用了 MySQL 数据库。

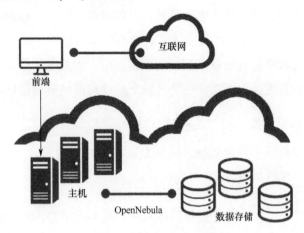

图 2.4　OpenNebula 架构

OpenNebula 包括以下 9 个主要组件：

（1）前端（Front end），负责运行 OpenNebula 提供的所有服务，确保日志、认证、资源配额和计费等活动的顺利执行。

（2）主机（Host），负责与 hypervisor、虚拟机进行交互，并管理云平台中运行的虚拟机网络。前端和主机都是通过互联网相互连接，主机也可以在异构环境中工作（如使用不同的操作系统或 hypervisor）。

（3）集群（Cluster），是共享存储数据和虚拟网络的主机池，用于主机的负载均衡、高性能计算和高可用性（Donevski 等，2013）。

（4）镜像库（Image repository），包含在云中创建的虚拟机镜像文件，所有虚拟机镜像可以存储在各种类型的数据存储库中。

（5）Sunstone 是一个基于 Web 的用户界面，支持基于角色的访问控制（RBAC）。

（6）OCCI、Self、EC2 服务，这些接口用于管理云，负责监测、实时迁

21

移、控制和存储访问。

（7）OCA 负责与管理接口进行通信。

OpenNebula 提供并支持以下功能：

（1）可扩展的主机环境，允许混合云将有限的基础设施与公有云基础设施进行整合，并为虚拟机、网络管理和存储提供云接口。

（2）弹性平台，所有服务都被托管在云的虚拟机中，可以通过 CLI（命令行界面）或 API（应用程序编程接口）进行控制和监测。

（3）由于虚拟资源分布在不同的物理资源中，因此它的故障风险更小。

（4）将虚拟资源映射到对应的物理机上，使得系统更加优化。

2.1.2.2　模拟工具

以下是网络靶场中常用的场景模拟工具。

1）iSSFNet

iSSFNet 是一个支持并行运行模拟网络的网络模拟器，其内核模式负责管理其所有的功能。iSSFNet 网络模拟器支持运行各种大规模的、即时的和现实的模拟网络场景，其独特的同步机制支持分布式执行。它是 RINSE 网络靶场的主要组成部分之一（详见 10.1.2 节）。

SSF 用于提供小型化、高性能的离散事件模拟，采用面向对象的设计语言，并向外界提供接口。它包括 5 个基类：实体（Entity）；事件（Event）；InChannel；OutChannel 和进程（Process）（Cowie 等，1999）。

（1）实体（Entity）：每一个模拟组件，是一个描述模拟组件之间排列关系的容器，组件之间的交互是通过它作用于内核最小延迟通道的事件交换进行的（Cowie 等，1999）。

（2）事件（Event）：负责重要信息的交换过程。

（3）InChannel：负责事件交换的通信端点之一。每个实例都指向一个明确的实体（Cowie 等，1999）。

（4）OutChannel：负责事件交换的通信端点之一，有一个与之相关的核心最小延迟。SSF 允许多路传送 InChannel 和 OutChannel 的映射，以及总线式的映射（Cowie 等，1999）。

（5）进程（Process）：负责描述实体的行为。进程的每个实例通常都与一些明确的实体相关联（Cowie 等，1999）。一个进程初始状态在 Channel 上等待事件，然后，对该事件做出反应并再次进入睡眠状态。

iSSFNet 提供以下功能：

（1）简单直接地实现网络组件和新的协议。

（2）通过并行处理，实现对大规模基础设施高性能和高可扩展性的建模。

（3）内存保护是通过 SSF 线程来实现的，SSF 模型可被转换为 C++程序。

（4）处理器的同步是通过一种经过数学证明的方法实现的，这种方法确保所有处理器定期同步并交换事件（Cowie 等，1999）。

（5）具有很强的可移植性，可以嵌入 Linux、Windows、Solaris 等操作系统中。

2）RTDS

RTDS 用于基于并行处理架构运行的电力系统或基础设施的实时模拟（McLaren 等，1992）。RTDS 的成本低于其他类似的模拟器（McLaren 等，1992）。几十年来，RTDS 的应用已经涵盖了以下 4 个方向。

（1）模拟网络事件：在全球范围内，基于 RTDS 构建的网络安全测试平台（图 2.5），提供了一个灵活、真实、隔离的环境，可用于模拟对电力基础设施的网络攻击，并验证电力基础设施的安全性能（RTDS Technologies Inc.，2021）。RTDS 提供的一些网络安全相关的应用包括：拒绝服务攻击（DoS）和中间人攻击（MITM）模拟，物理和网络故障分析，密码学等。

（2）研究与培训：由于 RTDS 可以提供快速、即时的输出，因此，用户可以针对不同条件和事件因素，进行多次重复性的测试和验证，节省了大量时间，在培训时有助于网络安全新手建立信心。

（3）功率硬件在环（PHIL）测试平台：PHIL 测试平台用于测试连接到模拟设备的真实电力系统硬件。该平台使用四象限放大器，通过定制化接口，有助于最大限度地减少 PHIL 延迟，降低使用成本。PHIL 测试平台支持电力系统的电机测试、特性分析和行为研究等。

（4）防护设备测试平台：防护设备测试平台有助于在安全、隔离、灵活的环境下测试和部署最新的安全算法和机制。由于采用即时模拟方式，且防护设备可以物理连接到模拟装置上，因此，在获取硬件可用性之前即开始对安全算法进行测试。

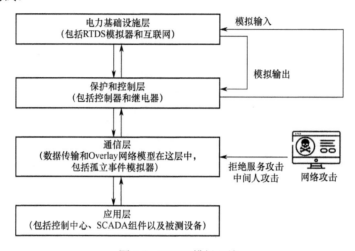

图 2.5　RTDS 模拟环境

RTDS 提供以下功能：

（1）灵活性和可扩展性。RTDS 可以为配置和验证硬件组件提供全方位的模拟，确保准确地执行大规模复杂的模拟过程，将性能损失降到最低并保持稳定。RTDS 推出了新一代、功能更为强大的硬件平台 NovaCor，用于电力系统的模拟与测试。

（2）实时数据交换。RTDS 可以使用多种通信协议与外部软件或硬件进行数据交换，包括 Ethernet、MODBUS、TCP/UDP sockets、PLAYBACK、DNP3，IEC 61850-9-2 等。

（3）模型库。RTDS 为模拟环境提供了一个广泛、灵活、多样、精准的模型库，包括为满足客户特定需求所用到的专业知识和模型资源。

（4）RSCAD。它是公司为使用 RTDS 而开发的专用软件，不需要任何第三方插件。具有完善的说明书和指导手册，齐全的元件和电路生成器，以及友好的用户操作界面，并支持自动编译、执行 C 语言脚本。

（5）可以稳定执行多速率的模拟。在描述大规模网络时，可以最大限度地减少模拟所需的硬件数量。

3）PRIME

PRIME 是支持并行的网络环境实时模拟引擎（Li 等，2009），通过引入混合流量和独立事件建模技术，可充分利用计算资源，加速模拟过程的执行，并减少运算量（Liu，2010）。PRIME 提供的实时模拟能力体现在时效性和响应性两个方面。

（1）实效性：表示系统的实时模拟能力。这要求在模拟大规模的网络实体和网络流量模拟过程中，必须能够实时地描述网络行为，从而避免时序上出现差错。

（2）响应性：该属性表示模拟过程中，应该在设定的时限范围内接收到输入数据，并对实时事件做出及时响应。

为支持事件的实时处理能力，PRIME 还具备优先级调度算法（Li 等，2009）。

PRIME 具有以下优势：

（1）分层同步。模拟软件使用分层同步机制，可以更好地利用分配内存机器上的内存资源，从而提高性能，并减少分配内存机器和共享内存机器之间的通信成本。

（2）可以高效地模拟各种复杂的节点类型和网络场景，包括网络数据包、延迟和损耗以及流量生成等要素。

（3）准确性。该软件提供全面的网络数据包处理能力，应用程序、服务以及真实流量提高了模拟的逼真度。

（4）可重复性。可重复使用各种模拟环境，对于协议开发和评估是必不可少的。

（5）可伸缩性。采取并行方式转发网络数据包，可根据用户需求，扩大或缩小模拟网络的规模。

（6）扩展了 DaSSF 的功能（Liu，2010），使得 PRIME 能够模拟与真实应用程序的实时交互。

2.1.2.3 流量生成工具

以下是网络靶场中常用的流量生成工具。

1）SSH

SSH 是一种在不安全网络上用于安全远程登录和其他安全网络服务的协议（Ylonen 等，2006），如图 2.6 所示，它由三个部分组成——传输层协议（SSH-TRANS）、用户认证协议（SSH-CONNECT）以及连接协议（SSH-USERAUTH)(Ylonen 等，2006)，这三部分协议实现了服务器和客户端的认证和信道加密。SSH 协议建立在应用层基础上，实现任意两个主机之间建立安全通道（Song 等，2001），遵循客户端——服务器的结构，自动对发送的数据进行加密，并对接收的数据进行解密（Barrett 等，2005）。该协议是由芬兰学者 T.Ylönen 在 1995 年设计开发。

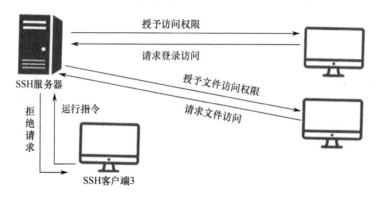

图 2.6　SSH 协议执行过程

当前，该协议被广泛部署在全球服务器上，也可部署于云平台和自行管理的 Linux、Unix 系统平台中。多年来，它被广泛应用于配置、管理、操作和维护关键网络基础设施的服务器、防火墙和路由器等。SSH 协议的主要功能包括：

（1）建立安全的用户和进程访问通道。

（2）可以远程发送指令。

（3）自动连接共享传输文件。

（4）管理关键系统的网络组件。

该协议利用哈希算法和对称算法，确保任意两台主机之间数据交换的完整性和机密性。SSH 密钥采用公钥身份认证方式，系统管理员和开发人员利用

SSH 密钥进行系统、脚本备份以及工具管理，用户在各个账号间切换浏览时不需要重新签名。SSH 密钥的这一特点，使得其被大型组织机构广泛使用，需要注意的是，虽然它们可以自动访问服务器，但如果不加以严格管理，可能会造成严重风险。

2）MODBUS

MODBUS 协议是一种广泛使用的工业自动化通信协议（Peng 等，2008），大量应用于现有的工业设备中，如远程终端单元设备（RTU）、分布式控制系统（DCS）和可编程逻辑控制器（PLC）。它遵循主—从结构，主站故障断开后，从站可以诊断出来，并确保在设定的时限范围内，主站和从站之间可靠的数据传输。它属于数据链路层上的协议，本身不涉及具体的硬件要求，负责定义控制器识别和使用的消息结构。

MODBUS 支持请求/应答模式和广播模式两种工作方式，如图 2.7 所示。一个主站和一个从站之间的通信属于前一种，一个主站和多个从站之间的通信属于后一种。一些利用 MODBUS 协议漏洞的攻击方式包括拒绝服务（DoS）、中间人（MITM）、重放和未经授权执行命令等攻击（Fovino 等，2009），且不能够主动防范这些攻击。它的广泛使用归因于其可用性和用户友好性。

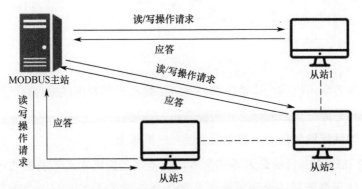

图 2.7　MODBUS 协议广播模式

MODBUS 协议通过寄存器地址、数据和功能代码等进行数据交换。如果在传输中出现任何错误，当被要求提供诊断数据时，它可以以错误代码的形式发送到主站。因此，它充当了数据交换的媒介，主站和从站设备负责解释数据并提供准确的信息。为了确保在使用 MODBUS 协议进行数据交换的安全，就必须对任何容易疏漏的风险进行评估。

2.1.2.4 管理工具

本节将讨论在开展网络演习时常用的管理资源、事件、指标和规则的工具。在网络演习过程中，因为有不同的团队相互配合参加，因此，必须管理好所有关于网络演习的组件、模块，确保演习能够按照计划顺利执行。

ISEAGE 是一个可配置的测试平台，如图 2.8 所示，用于模仿互联网行为并开展网络安全活动（Rursch 等，2013）。它可以模拟针对网络基础设施的网络攻击，证明真实存在的安全威胁概念。该工具可为用户提供以下功能：

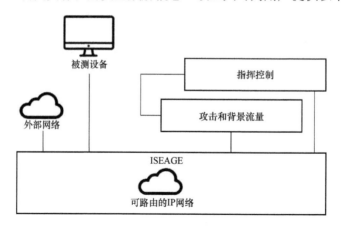

图 2.8　测试平台架构

（1）为各学术机构在读学生举办网络防御相关竞赛提供平台。

（2）具备经过认证的课堂和实验室相关活动。

（3）为网络设备相关问题提供测试和研究环境。

开发 ISEAGE 目的是训练初学者，防范现实网络中可预测的攻击和错误配置。它遵循最新的安全范式，形成的创新研究成果能够解决关键基础设施中出现的安全问题，同时也可以为各组织机构提供安全产品测试服务。ISEAGE 架构由外部网络、攻击和背景流量以及指挥控制等部分组成（Rursch 等，2013）。

参 考 文 献

Barrett, D. J., Silverman, R. E., Byrnes, R. G., 2005. SSH, The Secure Shell: The Definitive Guide. California: O'Reilly Media, Inc.

Cowie, J. H., Nicol, D. M., Ogielski, A. T., 1999. Modeling the global internet. Computing in Science & Engineering, 1(1), 42–50.

Donevski, A., Ristov, S., Gusev, M., 2013. Comparison of open source cloud platforms. In: 48th International Scientific Conference on Information, Communication and Energy Systems and Technologies, 26–29 June 2013 Ohrid. North Macedonia: Faculty of Technical Sciences – Bitola, 175–178.

Ferrie, P., 2007. Attacks on more virtual machine emulators. Symantec Technology Exchange, 55(1), 369–386.

Fovino, I. N., Carcano, A., Masera, M., Trombetta, A., 2009. Design and implementation of a secure MODBUS protocol. In: International Conference on Critical Infrastructure Protection, 23–25 March 2009 Hanover. Switzerland: Springer, 83–96.

Goldberg, R. P., 1974. Survey of virtual machine research. Computer, 7(6), 34–45.

Gulati, A., Holler, A., Ji, M., Shanmuganathan, G., Waldspurger, C., Zhu, X., 2012. VMware distributed resource management: Design, implementation, and lessons learned. VMware Technical Journal, 1(1), 45–64.

Infrastructure, V., 2006. Resource management with VMware DRS. VMware Whitepaper, 13(1), 1–24.

Li, Y., Liljenstam, M., Liu, J., 2009. Real-time security exercises on a realistic interdomain routing experiment platform. In: 2009 ACM/IEEE/SCS 23rd Workshop on Principles of Advanced and Distributed Simulation, 22–25 June 2009 Lake Placid. New York: IEEE, 54–63.

Liu, J., 2010. Parallel and distributed immersive real-time simulation of large-scale networks. Journal of Parallel and Distributed Computing, 1(1), 221–246.

McLaren, P. G., Kuffel, R., Wierckx, R., Giesbrecht, J., Arendt, L., 1992. A real time digital simulator for testing relays. IEEE Transactions on Power Delivery, 7(1), 207–213.

Nieh, J., Leonard, O. C., 2000. Examining VMware. Dr. Dobb's Journal, 25(8), 70.

Peng, D. G., Zhang, H., Yang, L., Li, H., 2008. Design and realization of MODBUS protocol based on embedded Linux system. In: 2008 International Conference on Embedded Software and Systems Symposia, 29–31 July 2008 Chengdu. New York: IEEE, 275–280.

RTDS Technologies Inc., 2021. Prevent and survive cyber and cyber-physical attacks [online]. Available from: https://www.rtds.com/applications/cybersecurity/ [Accessed 20 May 2021].

Rursch, J. A., Jacobson, D., 2013. When a testbed does more than testing: The Internet-Scale Event Attack and Generation Environment (ISEAGE) – providing learning and synthesizing experiences for cyber security students. In: 2013 IEEE Frontiers in Education Conference (FIE), 23–26 October 2013 Oklahoma City. New York: IEEE, 1267–1272.

Sempolinski, P., Thain, D., 2010. A comparison and critique of eucalyptus, OpenNebula and nimbus. In: 2010 IEEE Second International Conference on Cloud Computing Technology and Science, 30 November-3 December 2010 Indianapolis. New York: IEEE, 417–426.

Song, D. X., Wagner, D. A., Tian, X., 2001. Timing analysis of keystrokes and timing attacks on SSH. In: USENIX Security Symposium, 13–17 August 2001 Washington. California: The USENIX Association, 1–17.

Tickoo, O., Iyer, R., Illikkal, R., Newell, D., 2010. Modeling virtual machine performance: Challenges and approaches. ACM SIGMETRICS Performance Evaluation Review, 37(3), 55–60.

Ukwandu, E., Farah, M. A. B., Hindy, H., Brosset, D., Kavallieros, D., Atkinson, R., Bellekens, X., 2020. A review of cyber-ranges and test-beds: Current and future trends. Sensors, 20(24), 7148.

Yadav, S., 2013. Comparative study on open source software for cloud computing platform: Eucalyptus, OpenStack and OpenNebula. International Journal of Engineering and Science, 3(10), 51–54.

Ylonen, T., Lonvick, C., 2006. The secure shell (SSH) transport layer protocol. RFC 4253, 1(1), 1–30.

第 3 章
构建网络靶场的动机

3.1 IT 和 OT 基础设施

OT（运营技术）是指为 ACS（自动化控制系统）提供技术支持的软件/硬件，主要用于对 ICS（工业控制系统）、SCADA（数据采集与监视控制系统）、电力、交通、水处理、石油和天然气等关键基础设施的控制和监测。通过整合 DA（数据采集）系统、HMI（人机界面）系统和数据采集/通信系统等，OT 系统实现了资源的集中管理和监控，为现在的基础设施智能化奠定基础。由于运行 OT 系统需要掌握特定于项目的专有协议信息，在过去的几十年中，能够操作这种系统的人员数量非常有限。因此，OT 系统相对而言更容易成为网络攻击和威胁的目标。

当前，针对 OT 系统的网络攻击愈发频繁，而且这些攻击也变得愈发复杂且危险，造成的破坏性也越来越大，不仅会造成经济损失，还会危害自然环境，甚至威胁人类的生命健康。为了解决这一问题，许多基础设施中通过将 OT 与 IT（信息技术）进行融合，并引入人工智能、云计算、传感技术和大数据等先进技术，提高安全性的同时也使系统生产能力得到跃升（Shahzad 等，2016）。

Murray 等（2017）列出了网络攻击对 OT 系统可能产生的后果：

（1）RTU（远程终端单元设备）到 SCADA/ICS 系统的信息传输延迟。例如，与涡轮转速或液面传感器的通信延迟可能导致灾难性事件。

（2）当试图通过安全系统处理一个事件时，关键系统之间的连接可能会被中断。

（3）篡改某些输入值，可能会引起不良的连锁反应，或者导致某些系统部件关停。

（4）对组件进行未经授权的修改操作。例如，涡轮机超速运转会造成叶片严重受损。

IT 和 OT 基础设施之间的差异性也可能是导致安全问题的一个因素。表 3.1 对比了这两种基础设施之间的主要区别。

表 3.1　OT 和 IT 之间的主要区别

OT	IT
侧重于物理组件的控制和监控	侧重于数据的安全性和保密性
物理环境是地域分散的	物理环境是受控的
生产活动拥有更高级别优先权，通常不会进行安全更新或打补丁	组件和系统经常性更新
使用专用协议和操作系统	使用通用协议和操作系统

虽然这两类系统有所不同，但也存在相似之处。例如，这两类系统都重视团队成果，并被组合为一个整体（Murray 等，2017）。这两类系统都融合了多种进程、目标、语言和工具，因此，网络安全对于 OT/IT 融合系统至关重要（Schwab 等，2018）。网络攻击会对产品或服务造成严重损害，从而降低服务质量，这将直接导致泄露机密信息、失去客户信任、损失潜在的合作机会。

Schwab 等（2018）总结提出了组织机构对 OT/IT 系统造成安全破坏的主要关注点：

（1）损害服务和产品质量。

（2）造成组织人员伤亡。

（3）失去客户信任。

（4）损害组织声誉或品牌名誉。

（5）泄露机密或敏感信息。

（6）违反基本法规。

（7）失去潜在的合作机会。

（8）破坏自然环境。

在 Schwab 等（2018）的梳理中，超过半数的组织机构表示对 APT 攻击和指定目标攻击的担忧。因此，这些组织需要配备网络安全专业人员，部署先进新型安全措施，提高操作人员和管理人员的网络安全意识。但由于网络安全领域专业人才较少，所以雇用专业人员方面成为一大难题。随着网络攻击和威胁技术日益演进，对网络安全专业人才的需求也在逐渐增加。各个组织机构也意识到，通过多样、专业的培训课程掌握网络安全技术是必要的。

组织机构内部数据，如客户和产品记录，是网络安全威胁的主要攻击目标。所有数据都在工作站、网络和智能设备等组件中进行处理、传输和存储，因此这些组件作为核心资产，成为威胁向量获取数据的目标。为了保护这些核心资产，防范攻击者利用其脆弱性，采取加密控制、软件修补等适当的安全管控措施是十分必要的。Galinec 等（2017）介绍了利用策略设计和行动规划框架提升网络安全性的方法。

3.1.1　OT/IT 系统面临的网络安全挑战

鉴于 IT 和 OT 系统在性质和优先级上的区别，还存在其他一些影响基础设施安全的因素：

（1）许多组织没有采用或执行必要的应对措施，往往不能够准确分析甚至忽视基础设施内部存在的漏洞，导致网络攻击可以持续潜伏并成功地破坏系统。

（2）网络攻击首先利用 IT 系统中安全性较低的链接/组件，然后悄然渗透到 OT 环境中，从而危及整个网络基础设施，反之亦然（Palmer 等，2021）。

（3）OT/IT 基础设施主要应用于 ICS 中，系统中有特定的控制器组件，如 PLC 或 RTU 等。由于这些组件处于核心地位且需要保持可靠运行，因此，往往长期保持稳定不变。正是源于此点，在面对高级网络威胁时，这些组件更容易成为被破坏的目标，且在破坏过程中也不易被察觉。

目前，系统中大量组件暴露于公开的互联网中，且针对 ICS 的网络攻击频率也在逐年增加，因此，充分掌握并做好面对这些风险及其后果的准备成为当务之急。

对于 OT 环境来说，通过进行主动性、重复性的资产探测，可以发现任何潜在的或隐藏的风险。但是，通过定期升级组件方式来缓解发现的风险并不切实可行，可采用主动检查组件及其安全程序的方法，及时分析掌握系统的安全状况，有助于跟踪和识别设备元数据的任何局部变化，如配置文件和设备逻辑的变更。通过采用检查分析方法，不仅能够全面掌握系统状态，还可以减少维护管理成本，不需要对每一个组件都进行实时地监控。

如今，传统基础设施模式已转变为基于互联网的复杂互联型模式，对数据的保密性和安全性产生了深刻影响，对网络风险管理技能和专业人才也提出了更高要求（Kosub，2015）。为实现有效的 OT/IT 系统，组织机构必须对安全漏洞进行基于风险的优先排序，以便节约时间和资源。可通过以下步骤实施：

（1）设定威胁检测和评估的关键指标。

（2）识别并分析漏洞。

（3）确认资产的性能和状态，以及漏洞和其他错误配置。

（4）预测、确认并修复系统漏洞。

（5）采取适当的缓解方法。

安全测试和更新升级并不适合直接在实际运行的系统中实施。因此，通过在网络靶场中构建安全的测试和培训环境，是一种理想的选择。

3.1.2　OT/IT 系统网络安全实现

Barrett（2018）描述了网络安全框架的功能及其相应类别：

（1）识别需要保护的资产，包括资产管理、治理和风险评估等。

（2）确保脆弱资产的安全，包括网络风险感知、网络安全运维等。

（3）检测针对基础设施的网络风险或网络攻击。

（4）网络攻击和风险的应急响应，包括分析网络风险、缓解网络风险等。

（5）恢复系统通信能力，改善系统性能。

3.1.2.1　资产管理

高效实施资产管理的核心因素是将组织的 IT 与 OT 基础设施以及正在使用的其他技术能力相关联（Haider，2011）。IT 系统资产管理包括以下内容：

（1）实现既定目标。

（2）调整 IT 资源。

（3）通过明智的决策协助制定商业战略。

OT 系统控制资产完成相关任务，并提供决策支撑。Haider（2011）将资产管理分为 3 个层次：

（1）战略层：获取市场和投资者的需求，并将需求分组整合，形成一套最佳的战略活动集。

（2）战术层和操作层：包括计划、监测和审查 3 个阶段。在计划阶段之前，需要完成风险识别、评估和控制等工作。根据采集到的信息，在计划阶段制定相应的政策、目标、策略、流程等，用于第 2 阶段资源和资产的监测。审查阶段主要对资产的质量、可用性和耐久性等方面进行审查。

3.1.2.2　治理

OT 基础设施是网络攻击的特定目标，因此，组织机构必须进行全面有效地治理。治理的必要性在于，OT 系统可以对基础设施的可持续性产生重大影响。治理的内容扩展了 OT 资产的决策和财务报告，特别是在 OT 系统可能直接影响 IT 系统的情况下。将 OT 系统融入业务核心流程中，有助于尽早识别漏洞，并及时采取适当的缓解措施。

由于 IT 系统相较于传统基础设施更具竞争优势，如今多数组织机构都很大程度地依赖于 IT 系统。因此，需要进行必要的投资和合理的治理，以提高系统的完整性和可用性。IT 系统更容易遭受未经授权的访问、使用、篡改，以及敏感信息泄露。

确保 IT 系统财务报告的准确性，有助于识别并减少潜在风险，支撑董事会成员和投资者依靠并使用所提供的信息进行决策。决策者有责任通过设置必要的程序确保及时发现风险。

3.1.2.3　风险评估

风险评估是指识别、分析和评估系统中存在的和潜在的风险。Cherdantseva 等（2016）对多种 SCADA 系统风险评估方法进行了综合性研究。在工业 IT 系统领域有许多风险评估方法理论，例如：

（1）OCTAVE（Alberts 等，2003），是一种策略性的、基于威胁的，用于规划和评估安全的技术方法，描述了当前安全实践的执行状态，并根据关键资产的风险程度，对需要改进的方面提出优先级排序建议。

（2）CRAMM（Yazar，2002），是一种定性的自动化风险评估工具，从管理层面对基础设施安全投资提出合理化建议。

（3）CORAS（Aagedal 等，2002），是一种侧重于定位和发现 IT 系统基础设施关键组件及其安全问题的方法，亦可对 OT 和 IT 融合系统进行风险评估。

3.1.2.4　网络风险感知

网络威胁、攻击以及相关技术始终处于动态发展变化状态。因此，不仅要注重基础设施的保护，还要确保人员能够及时了解并熟练掌握网络安全相关技能，也就是说，当务之急是人员必须具备感知发现系统中可能发生网络风险的能力。

网络风险感知可以及时发现异常，并对网络风险状况做出敏捷反应。人员需要借助威胁检测工具，并密切关注漏洞评估和安全告警日志（Al-Mohannadi 等，2018）。同时，还需要与 SOC（安全运营中心）和非 SOC 团队进行交流和协作（Al-Mohannadi 等，2018）。

3.1.2.5　网络安全运维

Schneider 等（2015）提出，在关键基础设施中实现网络安全运维需要开展以下工作：

（1）维护恶意代码识别软件。通过定期更新防病毒软件，扫描识别新型网络威胁以及系统中存在的异常状况。对杀毒软件进行合理配置，避免错误地将系统文件归类为恶意文件。

（2）维护异常行为列表。作为附加的防护手段，可预先定义好所有允许执行和不允许执行的应用程序列表，当新组件漏洞被发现时需要同步更新该列表。

（3）维护安全日志。日志文件存储于系统数据库中，包含事件告警、资源访问、尝试登录等信息。通过查看安全日志，可以检测未经授权用户行为、违反安全策略行为等，且可以与组件的分析报告共同使用。与防病毒软件和其他系统文件类似，日志信息需要及时更新才可以为用户提供准确信息。

（4）维护基准时钟。基准时钟运行在定期更新的特定固件上，可用于辅助检测对服务器的欺骗或干扰攻击行为。

（5）维护安全策略。需要根据基础设施中添加、删除组件的情况，随时调整相关安全策略。

（6）维护安全补丁。对于 IT 和 OT 系统而言，定期检查、评估并安装修复补丁至关重要，尤其是在发现新的漏洞时。

3.1.2.6 网络风险检测

网络风险或网络攻击的检测系统基于层次化的防御机制，为网络安全从业人员提供足够的时间处理网络攻击事件，避免对基础设施造成任何形式的不可恢复的损害。Zhang 等（2019）研究提出一个类似的检测系统，利用系统、进程和网络数据提高网络攻击早期的发现检测能力。Mubarak 等（2021）使用 DPI（深度包检测）技术，通过分析预先处理的流量数据集，发现其中的差异，检测面向 OT 系统的网络攻击行为。

3.1.2.7 缓解网络风险

Lamba 等（2017）提出，以系统为中心实现合理安全机制的必要性。鉴于 OT 和 IT 融合系统的复杂性，传统模式的检测方法不再适用，有必要研究一种新方法，不仅可以处理网络威胁，还可以权衡风险检测能力和组件维护之间的关系。

Kholidy（2021）论述了最新研发的 ARC（自主响应控制器），用于响应针对 CPS（信息物理系统）的网络威胁，它具备以下功能：

（1）可以在没有人为干预的情况下自主运行，是一种基于资产重要性的自主、可扩展的资产保护方法。

（2）使用 CMM（竞争型马尔科夫模型）实现响应节点态势感知，并做出快速及时响应。

（3）具备持续性响应能力，根据信息物理系统特征、响应效果以及自身需求，不断优化对抗复杂网络攻击过程中的响应能力。

3.1.2.8 网络风险分析

Paté-Cornell 等（2018）提出了一种风险分析框架，该框架涵盖：

（1）识别或察觉到网络攻击团队以及他们要攻击的目标。

（2）是否有内部人员通过泄露数据或重要情报并参与实施了攻击活动。

（3）系统漏洞将要或已经被发现并利用。

（4）网络攻击可能会造成的后果，如知识产权损失、业务中断、机密数据泄露以及资金流失。

（5）执行适当的应对措施。

3.1.3 供水系统对网络靶场的需求分析

供水系统（WSS）属于一种信息物理系统，融合了计算能力和物理组件，用于控制和监测供水过程。供水系统由执行机构、传感器和控制器等物理组件构成，通过如图 3.1 所示的网络达成通信。

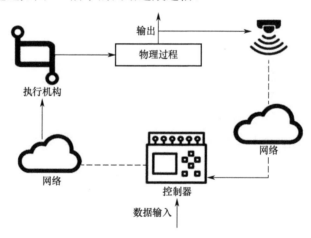

图 3.1 供水系统设计

早期，供水系统是物理隔离的，只有少数人员能接触到控制部件。然而，如今许多供水系统采用新技术，转变成为智能化系统，也因此引入了许多可被利用的安全漏洞，暴露于网络攻击环境中。可采用以下方式，加强系统安全能力（Tuptuk 等，2021）：

（1）网络攻击探测模型，包括物理模型、ML（机器学习）模型、统计模型等。物理模型负责探测系统物理组件发生变更时出现的异常。ML 模型根据组件配置和特征等信息核对系统数据，检测发现异常情况。统计模型依靠统计分析检测网络风险。

（2）安全框架。如今，关键基础设施采用分层体系结构，各层组件之间通过传输网络完成数据交换。因此，构建多层次的抗网络攻击框架，有助于提升基础设施分层架构的安全性。

为了有效构建此类模型和框架以确保基础设施安全，需要一个隔离的环境。网络靶场构建了一个安全、独立的环境，通过成功复现基础设施，提供测试、培训和研究等服务。由于在真实的系统上直接部署任何新的技术或程序都是不现实的，因此，网络靶场已经成为理想的替代环境。一些专门服务于供水系统的网络靶场，如 SWAT（详见 4.2.2 节）和 WADI（详见 4.2.3 节），从测试攻击探测模型和安全框架有效性的角度看，是非常有用的。

在网络靶场中，可通过开发数据集或利用已有数据集，测试和验证风险缓解技术。数据集可以与社区共享。网络靶场中构建的网络攻击模型，对于深入分析信息物理系统的脆弱性（如网络攻击影响和系统弹性等）至关重要。同样，网络攻击模型也可用于开展对抗性网络攻击演习。利用网络靶场环境开展演习，既有利于促进团队内部沟通交流，以及与其他部门团队协同配合，也可以提升团队成员网络安全技能，为应对网络攻击做好准备。

3.1.4 物流系统对网络靶场的需求分析

物流系统的任务是负责协调实物产品从一个地点到另一个地点的信息流，主要涵盖以下活动：

（1）采购。

（2）生产。

（3）预测。

（4）运输。

（5）仓储。

物流系统（图 3.2）旨在提升产品和服务的质量和效率，获得良好的客户反馈。主要实现两个目标：

（1）提高效率。

（2）降低成本。

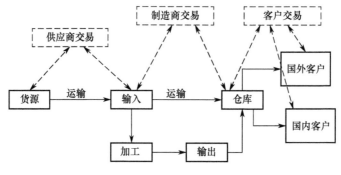

图 3.2   物流系统设计

这两个目标对于实现公司利润最大化、赢得客户积极支持与信任是至关重要的。物流系统包括以下要素（Wichaisri 等，2013）：

（1）输入，可以是信息、原料、资金等形式，将资源引入系统。

（2）输出，也是类似的形式，并定义组件价值。

（3）过程，负责将所提供的输入转化为有用和有益的产出，是作业过程中需要考虑的主要目标。

（4）控制，用于分析公司从源头到终端的物流流程，接收资源并将其转化为有价值的产品，然后分配给客户。

（5）反馈，基于客户评价，改善产品质量，并根据客户需求开发新产品。

物流系统中有许多接入互联网的装置、设备和软件，通常被归类为工业 4.0 范式。但这也导致系统完全暴露于网络中，发生滥用或未授权流程非法操作，进而产生损坏产品质量、延迟产品交付、造成经济损失等影响。

Sarder 等（2019）提出了下列网络安全框架（详见 3.1.2 节）属性：

（1）资产管理。创建并维护一个实体库存清单，包括使用装置、软件、数据流、通信设备、人力资源等信息。

（2）治理。制定安全策略，或保护系统的合法要求。

（3）风险评估。识别系统脆弱性和风险，优先考虑风险缓解技术以及性能分析。

（4）网络风险感知。培训 IT 和非 IT 人员防范潜在的网络攻击或风险，管理人员基于自身责任和角色做出响应。

（5）网络安全运维。安排定期维护检查。

（6）网络风险检测。对系统的所有组件进行漏洞扫描。

（7）缓解网络风险。记录任何检测到的事件或风险，并分析新发现的漏洞及其缓解计划。

（8）网络风险分析。准确分类网络事件，并调查是否已采取了修复漏洞等适当的措施。

网络靶场环境可用于构造恶魔游戏（Cheung 等，2019）模型，描述公共网络中资产依赖问题，为逻辑系统的资产安全制定新策略。它也可以用于实现3.1.3 节所提到的类似功能。

3.1.5 海事系统对网络靶场的需求分析

不同于传统的对海事系统的攻击，现在的网络攻击侧重于在现代船舶、导航系统和动力装置中长期隐蔽地渗透利用，导致业务中断，商誉、产品和资本受损，以及其他法律问题。Jones 等（2016）描述了一个网络攻击场景，将外部攻击组件隐蔽偷运到海事船只上，在货物被运走之前一直没被发现。这个攻击组件可以产生通信干扰，影响港口软件和装载装置等。由于船只在海上是物理隔离的，因此，寻找未知攻击并采取应对措施非常困难。

海事系统通常使用 ECDIS（电子海图显示与信息系统）（Zhang 等，2007）和 AIS（船舶自动识别系统）（Svanberg 等，2019）进行监视和跟踪，但是这两个软件中也发现了漏洞。ECDIS 缺少安全补丁，并且经常接受不安全的网络接入方式（Jones 等，2016）。利用 AIS 软件漏洞，可以改变船舶航向、伪造指令等（Jones 等，2016）。因此，海事系统更容易遭受破坏或发生劫持事件。

船舶被劫持是海事系统最常见的威胁，攻击者通过干扰、提供虚假数据或使用勒索软件等方式破坏导航系统或动力装置，达成劫持目的。攻击者也可以用其他目标或基础设施来攻击船只，这会带来严重损失、安全问题以及法律纠纷。例如，被攻击船只撞击到油井架，或者船只损坏导致不可降解成分泄漏到水中。因此，海事系统是否安全，将直接影响地方经济、商业机构、人员生命、环境以及自然资源的安全。

海事系统另一个安全问题是非法走私违禁品。货物在没有精密监控的情况下长途运输，存在被黑客攻击的可能性，货运信息可能被篡改并用于实施走私或欺诈。这种可能性要求做好采取必要缓解技术的准备。网络靶场能够提供面向海事系统特定状况的演习场景，通过培训人员对抗先进的网络攻击，使其掌握如何采取合适的应对措施并缓解风险（Tam 等，2021）。

图 3.3 展示了海事运输系统由 OT 和 IT 相关组件共同搭建的分层架构（Tam 等，2021）。该架构包含了三个层次，从底层开始分别为基础设施层、传输层和数字层。真实系统可能不会包含图 3.3 中的所有组件，但这张图的主要目的是描述进行逼真的模拟仿真所需的全部组件。

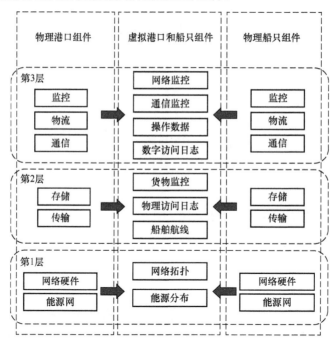

图 3.3 海事系统组件设计

3.1.6 石油和天然气行业对网络靶场的需求分析

Lamba（2018）强调了石油和天然气行业所面临的关键性网络安全挑战：

（1）在基础设施中使用 IT 组件，将会扩大系统的网络攻击面。

（2）在评估组件配置和性能时，需要具备专业知识。

（3）网络安全技能和必要资源的缺失，会影响缓解程序和工具的使用。

（4）采取适当的安全审查程序以确保用户的身份识别，并提供数据、日志等信息的访问权限。

（5）现代工人普遍缺乏网络安全相关技能，且日常工作繁重。

Stergiopoulos 等（2020）基于攻击源头，将对石油和天然气行业的网络攻击分为两类。

（1）外部攻击：包括恶意代码攻击、网络钓鱼协议攻击、黑客攻击、干扰攻击等。

（2）内部攻击：包括 MITM（中间人攻击）、USB 设备攻击、注入攻击、进程感知、逻辑攻击等。

Progoulakis 等（2021）对石油和天然气行业的安全现状、从业人员文化层次进行了调查，并提出以下解决网络安全相关问题的措施建议。

（1）使用缓解工具或措施解决内部威胁。威胁类型包括无意识行为、恶意行为、专业间谍活动等。根据调查，这些威胁是出现次数最多的几种网络攻击类型。

（2）无人平台能够从空中、水下或水面发起攻击，当无人平台威胁到基础设施或人员安全时，需要采取必要的反制措施。

（3）增加经费投入，完善网络安全领域的国家法律和行业标准。石油和天然气行业是影响到国民经济的关键基础设施，所以有必要进行安全投资。

（4）与政府或军队建立合作关系，提高网络安全意识，并进行针对性训练。

3.1.7 电力系统对网络靶场的需求分析

Ten 等（2007）研究提出了以下安全评估和建模方法。

1）攻击树

基于 AND、OR 逻辑运算符的分层结构，可以构建各种类型的入侵事件。树的顶点代表主要目标，下面是各种子目标，子目标基于逻辑运算符进行分组。其中涉及三个脆弱性指标：场景、系统和叶子节点，通过以下步骤对这些指标开展系统评估：

（1）确认攻击目标。

（2）识别潜在的漏洞，构建相应的攻击树。

（3）基于每个攻击叶子节点所需的攻击条件，确定可能出现的入侵场景集。

（4）通过执行强制口令和已有网络安全技术，计算叶子节点脆弱值。

（5）场景脆弱性可以通过组合相同层次叶子节点的脆弱值来计算。

（6）可以根据场景脆弱值，计算确定系统的脆弱性。

2）PENET

一个提高攻击树能力的建模框架，包括动态攻击、系统修复和频发事件攻击。目前已通过 OENET 工具实现，便于操作者进行系统建模和仿真评估。

3）集成 OT 和 IT 系统组件

这种集成模型便于理解级联事件，用于评估系统整体脆弱性，有助于根据结果的严重性进行威胁分析，也可以扩展分析网络攻击对经济的影响，并提出相应的缓解程序。图 3.4 为电力系统布局样例。

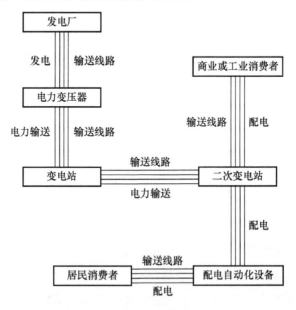

图 3.4　电力系统布局样例

3.2　网络攻击

网络（Cyber）攻击事件已经引起了网络安全相关公司企业、组织机构、服务提供商等方面的重点关注。实施攻击的背后原因，不仅是为了造成经济损失，有时也是为了能够迅速感染网络连接的各种组件。其他可能出现的网络攻击案例包括信息侵权、劫持智能银行或智能家居等。如今，信息物理系统和工业控制系统很容易遭受到以下攻击：

（1）伪代码注入（Lee 等，2004）。

（2）代码复用（Roemer 等，2012）。

（3）C-FLAT（Abera 等，2016）。

如今，许多网络靶场已经针对网络威胁和相关攻击，提供了用于训练和开发安全范式所需的攻击模型和相关数据集。

网络攻击可分为以下几种类型。

1）网络（network）攻击

在网络基础设施内，通过分析暴露的数据获得非法访问权限，并窃取机密信息。网络攻击可以分为主动攻击和被动攻击。主动攻击是指，攻击者在未经授权的情况下访问网络基础设施，查看或窃取机密信息或数据，但是并不损坏或修改数据。与主动攻击一样，被动攻击也是在未经批准的情况下进行访问，然后通过删除或加密的方式修改目标数据。常见的网络攻击有 DoS 和网络窃听。DoS 攻击是通过大量调度本地系统，消耗目标信息物理系统资源。DoS 攻击典型案例包括黑洞（Li 等，2018）和泪滴攻击（AlEroud 等，2013）。网络窃听方式是通过抓取未加密的信息物理系统网络流量，分析获得密码等数据信息，通过网络嗅探、被动监听消息、篡改消息数据等方式实现。

2）密码学攻击

密码学攻击是通过寻找密钥体制、协议或操作系统中的漏洞，并利用密码学规避安全程序的攻击方式。常用的密码学攻击方法包括：

（1）明文攻击。

（2）暴力攻击。

（3）勒索攻击。

（4）软磨硬泡攻击。

（5）自适应选择明文攻击。

3）恶意代码攻击

恶意代码攻击主要用于攻陷系统、破坏组件、破解访问控制组件等。恶意代码有多种形式，常见的包括：

（1）木马，是一种看似是可以信任的、实际上诱骗用户加载执行进而破坏组件、非法加密有价值数据（如凭证或用户活动）的恶意软件，如 Coreflood 木马和 Turla 软件。

（2）僵尸网络，将网络物理系统组件漏洞变为僵尸"节点"，进而发动隐蔽的 DoS 攻击，如 Mootbot 和 Smominru 僵尸网络。

（3）间谍软件，通过隐蔽地连接到系统组件，监视用户活动或数据，如 Project Sauron 软件和 Red October 软件。

（4）病毒，可以进行自我复制并扩散到基础设施内其他组件上，不需要人工干预，当代码执行时病毒同步窃取数据。

（5）勒索病毒，利用网络物理系统组件漏洞非法存储并加密信息，目的是为了获取赎金。勒索病毒经常以炼油厂、制造设施、医疗和电网等为目标，赎金支付前数据一直处于被加密状态。如 Lock 和 Siske 就是典型的勒索病毒。

（6）Rootkit，通常远程隐蔽渗透进入网络基础设施，通过操纵或窃取网络物理系统信息，或修改组件配置文件破坏其工作，如黑洞和月光迷宫。

（7）蠕虫，一旦进入系统就开始不断复制，最终导致服务器超载。通常利用操作系统的漏洞来破坏主机网络，如 Triton 和 Nimda。

3.2.1 对关键基础设施的网络攻击

过去，发生过许多影响大规模基础设施的网络攻击事件，下面列举了 4 个典型的网络攻击案例。

1）Stuxnet（震网病毒）

2010 年，针对伊朗核设施实施恶意软件攻击。该恶意软件由一系列专门针对 Windows 系统的病毒和蠕虫组成，通过替换西门子默认的 pin 码和密钥，潜入操作系统中，然后将动力离心机速度从低到高不断进行切换。离心机由于自身设计原因，不能处理如此快速的变化频率，导致机器及其部件损坏，使其不能完成铀的提取（Langner，2011）。由于这些设施没有与互联网连接，伊朗人认为它是不可能被攻击的，仅由武装人员严密保护。正是由于该设施被认定是不会受到任何物理攻击的影响，运维人员也忽略了以下几点重要事项：

（1）基础设施有物理防护措施，所以没有安装或使用任何安全软件，如防病毒软件和防火墙等。

（2）因为没有组件运行于互联网中，所以计算机工作站没有定期下载和安装 Windows 更新包。

（3）没有禁用 MS pool 等冗余服务，导致恶意软件在工作站和组件之间的快速传播。

（4）没有更新系统密码并建立确认列表，以检测和阻断对系统的非法安装。

2）沙特阿拉伯国家石油公司的攻击

这是针对国家政府经营的石油公司实施的病毒攻击，破坏了 30000 多个工作站，通过阻断并修改组件配置导致系统故障。该公司花了 2 周时间才将系统完全恢复，重新获得控制权（Bronk 等，2013）。

3）埃及海运部门遭受的 DoS 攻击

这次 DoS 攻击破坏了埃及政府、埃及认证委员会、总统府、海事部门、运输部门、武装部队、议会、大型纳税人等部门网站（Al-Mhiqani 等，2018）。

4）WannaCry 勒索软件

勒索软件以联邦快递（FedEx）、卫生部门、雷诺汽车等为目标，攻击了150 个国家的电信供应商、科技公司、医院、大学等机构的个人设备。利用Eternal Blue（永恒之蓝）和 DoublePulsar（双脉冲星）漏洞迅速传播。该软件禁用操作系统中所有恢复功能，以比特币作为赎金恢复加密的系统数据。

3.2.2　关键基础设施面临的网络威胁

网络威胁可以被描述为恶意扰乱或破坏信息物理系统正常运转的事件，常见的发起者包括：

（1）商业竞争对手。

（2）黑客活动分子和黑客。

（3）心怀不满的人。

（4）商业间谍。

（5）政府。

（6）犯罪组织。

（7）恐怖分子。

网络威胁类型包括：

（1）APT 攻击，是一种不同于传统的网络攻击方式，实施过程高度隐蔽、以应用程序为中心、具备复杂的操纵技术和攻击策略。通过长期潜伏跟踪目标系统活动，搜集大量用户数据信息，熟悉系统的防御机制，并能够轻松地绕过它们，在用户环境中建立强大的活动基础。图 3.5 描述了 APT 攻击模式。

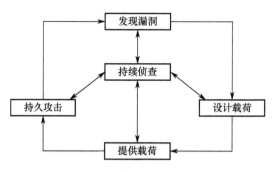

图 3.5　APT 攻击模式

（2）未打补丁的软件，是指系统代码中存在的安全问题。一旦这些问题被识别，操作人员可能通过打补丁进行修复。补丁附加在已有代码上，有助于掩盖安全漏洞。然而，如果易受攻击的软件没有打补丁，就会成为一个严重的安全问题。这类软件很容易被利用，并在整个网络中进行传播。

（3）网络钓鱼，是指通过动作组合实施攻击活动，窃取用户数据（如非法获取登录凭证和信用卡号码等）。黑客假装成可信的实体，诱骗受害者打开受感染的邮件、链接、信息等，一旦点击恶意链接，恶意软件开始在系统中安装，导致系统关闭、信息泄露或勒索。

参 考 文 献

Aagedal, J. O., Den Braber, F., Dimitrakos, T., Gran, B. A., Raptis, D., Stolen, K., 2002. Model-based risk assessment to improve enterprise security. In: Proceedings. Sixth International Enterprise Distributed Object Computing, 20–20 September 2002 Lausanne. New York: IEEE, 51–62.

Abera, T., Asokan, N., Davi, L., Ekberg, J. E., Nyman, T., Paverd, A., Sadeghi., A. R., Tsudik, G., 2016. C-FLAT: Control-flow attestation for embedded systems software. In: Proceedings of the 2016 ACM SIGSAC Conference on Computer and Communications Security, 24–28 October 2016 Vienna. New York: Association for Computing Machinery, 743–754.

Alberts, C., Dorofee, A., Stevens, J., Woody, C., 2003. Introduction to the OCTAVE Approach. Carnegie Mellon University Pittsburgh PA Software Engineering Institute, 1(1), 1–38.

AlEroud, A., Karabatis, G., 2013. A system for cyber attack detection using contextual semantics. In: 7th International Conference on Knowledge Management in Organizations: Service and Cloud Computing, 11–13 July 2013 Salamanca. Switzerland: Springer, 431–442.

Al-Mhiqani, M. N., Ahmad, R., Yassin, W., Hassan, A., Abidin, Z. Z., Ali, N. S., Abdulkareem, K. H., 2018. Cyber-security incidents: A review cases in cyber-physical systems. International Journal of Advanced Computer Science and Applications, 1(1), 499–508.

Al-Mohannadi, H., Awan, I., Al Hamar, J., Al Hamar, Y., Shah, M., Musa, A., 2018. Understanding awareness of cyber security threat among IT employees. In: 6th International Conference on Future Internet of Things and Cloud Workshops (FiCloudW), 6–8 August 2018 Barcelona. New York: IEEE, 188–192.

Barrett, M. P., 2018. Framework for improving critical infrastructure cybersecurity. National Institute of Standards and Technology, Gaithersburg, MD, USA, Technical Report, 1(1), 1–34.

Bronk, C., Tikk-Ringas, E., 2013. The cyber attack on Saudi Aramco. Survival, 55(2), 81–96.

Cherdantseva, Y., Burnap, P., Blyth, A., Eden, P., Jones, K., Soulsby, H., Stoddart, K., 2016. A review of cyber security risk assessment methods for SCADA systems. Computers and

Security, 56(1), 1–27.

Cheung, K. F., Bell, M. G., 2019. Attacker–defender model against quantal response adversaries for cyber security in logistics management: An introductory study. European Journal of Operational Research, 291(2), 471–481.

Galinec, D., Možnik, D., Guberina, B., 2017. Cybersecurity and cyber defence: National level strategic approach. Automatika: časopis za automatiku, mjerenje, elektroniku, računarstvo i komunikacije, 58(3), 273–286.

Haider, A., 2011. IT enabled engineering asset management: A governance perspective. Journal of Organizational Knowledge Management, 1(1), 1–12.

Jones, K. D., Tam, K., Papadaki, M., 2016. Threats and impacts in maritime cyber security. Engineering & Technology Reference, 1(1), 1–12.

Kholidy, H. A., 2021. Autonomous mitigation of cyber risks in the cyber–physical systems. Future Generation Computer Systems, 115(1), 171–187.

Kosub, T., 2015. Components and challenges of integrated cyber risk management. Zeitschrift für die gesamte Versicher ungswissenschaft, 104(5), 615–634.

Lamba, A., Singh, S., Balvinder, S., Dutta, N., Rela, S., 2017. Mitigating cyber security threats of industrial control systems (SCADA & DCS). In: 3rd International Conference on Emerging Technologies in Engineering, Biomedical, Medical and Science (ETEBMS) July 2017. New York: SSRN, 31–34.

Lamba, A., 2018. Protecting 'cybersecurity & resiliency' of nation's critical infrastructure–energy, oil & gas. International Journal of Current Research, 10(1), 76865–76876.

Langner, R., 2011. Stuxnet: Dissecting a cyberwarfare weapon. IEEE Security and Privacy, 9(3), 49–51.

Lee, R. B., Karig, D. K., McGregor, J. P., Shi, Z., 2004. Enlisting hardware architecture to thwart malicious code injection. In: Security in Pervasive Computing, 12–14 March 2004 Germany. Switzerland: Springer, 237–252.

Li, G., Yan, Z., Fu, Y., 2018. A study and simulation research of blackhole attack on mobile adhoc network. In: IEEE Conference on Communications and Network Security (CNS), 30 May–1 June 2018 Beijing. New York: IEEE, 1–6.

Mubarak, S., Habaebi, M. H., Islam, M. R., Khan, S., 2021. ICS cyber attack detection with ensemble machine learning and DPI using cyber-kit datasets. In: 2021 8th International Conference on Computer and Communication Engineering (ICCCE), 22–23June 2021 Kuala Lumpur. New York: IEEE, 349–354.

Murray, G., Johnstone, M. N., Valli, C., 2017. The convergence of IT and OT in critical infrastructure. In: Australian Information Security Management Conference, 5–6 December 2017 Perth. Australia: Security Research Institute, Edith Cowan University, 149–155.

Palmer, A., Rothschild, M., Ang, B., 2021. Successful cyber-risk management of operational technology and industrial control systems-technical and policy recommendations. S. Rajaratnam School of International Studies, 1(1), 1–17.

Paté-Cornell, M. E., Kuypers, M., Smith, M., Keller, P., 2018. Cyber risk management for critical infrastructure: A risk analysis model and three case studies. Risk Analysis, 38(2), 226–241.

Progoulakis, I., Nikitakos, N., Rohmeyer, P., Bunin, B., Dalaklis, D., Karamperidis, S., 2021. Perspectives on cyber security for offshore oil and gas assets. Journal of Marine Science and Engineering, 9(2), 112–139.

Roemer, R., Buchanan, E., Shacham, H., Savage, S., 2012. Return-oriented programming: Systems, languages, and applications. ACM Transactions on Information and System Security (TISSEC), 15(1), 1–34.

Sarder, M. D., Haschak, M., 2019. Cyber security and its implication on material handling and logistics. College-Industry Council on Material Handling Education, 1(1), 1–18.

Schneider, J., Obermeier, S., Schlegel, R., 2015. Cyber security maintenance for SCADA systems. In: 3rd International Symposium for ICS & SCADA Cyber Security Research 2015 (ICS-CSR 2015), 17–18 September 2015 Germany. Burlington: Science Open, 89–94.

Schwab, W., Poujol, M., 2018. The state of industrial cybersecurity 2018. Trend Study Kaspersky Reports, 1(1), 33–65.

Shahzad, A., Lee, M., Xiong, N. N., Jeong, G., Lee, Y. K., Choi, J. Y., Mahesar, A.W., Ahmad, I., 2016. A secure, intelligent, and smart-sensing approach for industrial system automation and transmission over unsecured wireless networks. Sensors, 16(3), 322.

Stergiopoulos, G., Gritzalis, D. A., Limnaios, E., 2020. Cyber-attacks on the oil & gas sector: A survey on incident assessment and attack patterns. IEEE Access, 8(1), 128440–128475.

Svanberg, M., Santén, V., Hörteborn, A., Holm, H., Finnsgård, C., 2019. AIS in maritime research. Marine Policy, 106(1), 103520.

Tam, K., Moara-Nkwe, K., Jones, K., 2021. The use of cyber ranges in the maritime context: Assessing maritime-cyber risks, raising awareness, and providing training. Maritime Technology and Research, 3(1), 16–30.

Ten, C. W., Govindarasu, M., Liu, C. C., 2007. Cybersecurity for electric power control and automation systems. In: 2007 IEEE International Conference on Systems, Man and Cybernetics, 7–10 October 2007 Montreal. New York: IEEE, 29–34.

Tuptuk, N., Hazell, P., Watson, J., Hailes, S., 2021. A systematic review of the state of cybersecurity in water systems. Water, 13(1), 81.

Wichaisri, S., Sopadang, A., 2013. Sustainable logistics system: A framework and case study. In: 2013 IEEE International Conference on Industrial Engineering and Engineering Management, 10–13 December 2013 Bangkok. New York: IEEE, 1017–1021.

Yazar, Z., 2002. A qualitative risk analysis and management tool–CRAMM. SANS InfoSec Reading Room White Paper, 11(1), 12–32.

Zhang, F., Kodituwakku, H. A. D. E., Hines, J. W., Coble, J., 2019. Multilayer data-driven cyber-attack detection system for industrial control systems based on network, system, and process data. IEEE Transactions on Industrial Informatics, 15(7), 4362–4369.

Zhang, L. H., Zhu, Q., Liu, Y. C., Li, S. J., 2007. A method for automatic routing based on ECDIS. Journal of Dalian Maritime University, 33(3), 109–112.

第 4 章
网络靶场类型

4.1 混合型网络靶场

如图 4.1 所示，构建混合型网络靶场环境，需要必不可少的物理硬件及配套的虚拟组件（Rev，2014），它是真实硬件和虚拟化技术的结合，也称为虚实结合。尽管可能存在某些特定限制因素，但该类型的网络靶场是兼具可扩展性和高性价比的理想平台。使用物理和虚拟化组件的数量取决于场景需求，防火墙、路由器、功能服务器和桌面终端等既可以是物理的也可以是虚拟化的，但在选择哪些组件构建网络拓扑结构时，首先要考虑靶场的真实性能否得到

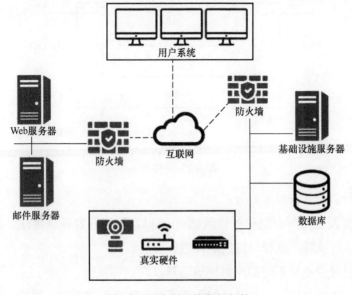

图 4.1　混合型网络靶场架构

保障。网络拓扑结构的设计必须有助于对事件的评估，如真实的大规模网络攻击。该类型网络靶场可为培训人员网络安全技能，以及评估网络基础设施防御技术弹性提供理想环境。本节举例讨论了现有混合型网络靶场，如 EVA、DIATEAM 和 CRATE 等。

4.1.1　EVA

EVA 网络靶场专注于 WSS（供水系统）的网络建模，它结合了虚拟靶场的灵活性和动态性，以及 CPS（信息物理系统）的真实性（Ahmad 等，2020）。在设计此类网络靶场时，有三方面需要考虑：

（1）可以简单快速地修改系统行为，有利于表征多种场景。

（2）系统组成的大幅度变动，可能会导致更高的维护成本。

（3）灵活的架构，可以确保相关团队出色地完成任务。

如图 4.2 所示，一个 Wrapper（封装器）被放置在所有组件之上，它可在不做任何物理改动的情况下，动态修改组件行为。封装器由 WC（封装控制器）和 WDI（封装数据和互联）两部分组成，其中：WC 负责在封装器内调整数据交换和互联，并管理 WDI；WDI 负责定义组件输入和输出的路由方式。

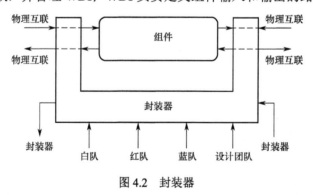

图 4.2　封装器

使用封装器具有以下好处：

（1）直接连接所有组件的输入/输出端口，根据各自场景需求，如训练、实物模型或对抗等，选择相应的组件进行控制。

（2）可灵活操作不同的网络靶场场景。

（3）可通过专用端口与其他封装器通信，避免物理直连，进一步提升场景构建灵活性。

封装器可帮助相关团队管理以下场景：

（1）可按需灵活地管理实物模型。封装器支持向环境中任意添加新的组件，无须重建环境；在将新组件纳入环境之前，可预先采集相关性能信息。

（2）封装器支持在演习中协助开展注入攻击。红队可使用封装器修改组件的输入，从而模拟对特定组件的攻击，也可修改其输出结果。

（3）蓝队可忽略封装器，直接对检测的漏洞打补丁。蓝队对组件的操作不会受到影响。

（4）白方在设计和执行场景的过程中，可使用封装器在组件中植入新的漏洞。

（5）除了演习之外，封装器还可以用来采集组件性能信息，这对于早期的漏洞检测非常有用。

（6）封装器可用于仿真新的组件、协议或互联接口，不需要修改或重建靶场环境就可以对新组件和方案进行测试。

该网络靶场能够管理多种场景，可开展培训和测试等任务。如图 4.3 所示，以注入虚假数据的攻击场景演示封装器的工作过程。如前所述，封装器直接连接到所有组件的输入和输出端口。

这为红队提供了一个自由访问组件的机会。红队负责注入虚假数据，可通过两种方式实现：

（1）案例Ⅰ，红队控制组件的输出（如传感器），并向 CCU（中央控制单元）发送虚假数据，阻碍该组件的真实输出。

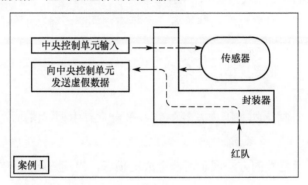

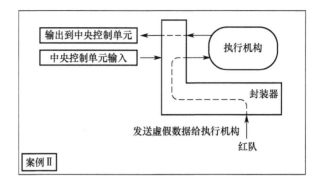

图 4.3　使用封装器进行模拟攻击

（2）如案例Ⅱ，红队控制组件的输入（如执行机构），并向该组件发送虚假命令，阻碍 CCU 发送到该组件的真实输入。

4.1.2　DIATEAM 网络靶场

该混合型网络靶场由 Diateam 公司研发，公司成立于 2002 年（Diateam，2020）。Diateam 网络靶场可同时提供线上和线下方式的网络靶场技术培训，并主办桌面演习和严肃游戏等。DIATEAM 网络靶场可为受训者提供以下服务：

（1）学习如何识别和处理网络威胁。

（2）在安全环境中体验逼真的网络危机。

（3）流程授权和团队合作。

（4）提升应对真实网络危机的响应能力。

DIATEAM 网络靶场具备以下功能：

（1）操作人员可通过增加装设备（包括有线网络设备、无线网络设备等）的方式进一步扩展环境。

（2）提供现有信息模型的复现能力，用于测试和开发安全技能，如应急响应和网络防护等。

（3）提供定制化的、用户友好的装备平台，有中型（8U）、大型（18U）和超大型（24U）三个系列。

（4）采用示范性的方法展示可能造成的损害，提高终端用户对网络危机的感知。

如图 4.4 所示，DIATEAM 网络靶场包含以下模块：

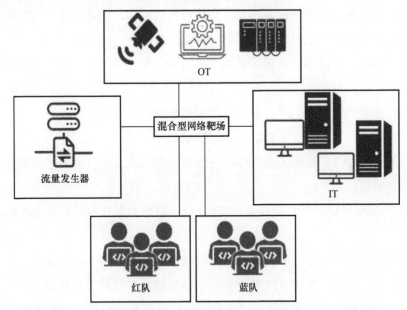

图 4.4 DIATEAM 网络靶场模块

（1）流量发生器，用于白队设计和构建演习场景，确保演习按照既定目标执行。

（2）IT（信息技术）系统，包括处理数据所需的数字化工具，如通信软件和硬件等。

（3）OT（运营技术）系统，包括软件/硬件基础设施，负责检测、控制和监视系统内发生的变化。

（4）红队，负责在演习中扮演攻击者角色的培训人员。

（5）蓝队，负责探测、应对红队攻击并设法降低攻击影响的培训人员。

（6）靶场操作人员，负责监控网络靶场各个模块的运转情况以及攻防演练进展。

为了有效管理演习和培训工作，该网络靶场重点探索了以下要素：

（1）真实性。在演习中获得沉浸式感受至关重要，这有助于培训人员更好地融入环境中，提高对安全事件的响应能力。

（2）多样化的场景。网络靶场构建多种攻击场景，丰富受训人员多样化的网络安全专业技能。

（3）定期性。由于网络威胁和网络危机日新月异，因此，需要进行定期培训，以确保相关人员及时掌握新技术，有效缓解攻击的破坏性。

（4）威胁知识储备。为保证前期准备充分，掌握先进的网络安全知识至关重要。

（5）在遇到网络危机时，参训人员需要熟练使用网络防御工具。

该网络靶场还提供以下功能（DIATEAM，2020）：

（1）内容目录，提供大量实体网络设备和虚拟机，可以使用拖拽的方式查看和选择它们。

（2）USB 重定向，允许将插入 USB 设备重定向到任何其他可操作的虚拟机上。

（3）用户友好的图形交互界面，可同时提供多用户和多视图功能。

（4）开放平台，通过 API 接口提供丰富的指导文件和工作帮助。

（5）虚拟机编配，支持远程登录虚拟机，远程操作各种活动和事件。

4.1.3　CRATE

CRATE 网络靶场的研发始于 2008 年，目前由 FOI（瑞典国防研究所）运营和维护，是国家和国际层面开展众多 CSE（网络演习）和竞赛的主要平台，曾在 2010 年主办 BCS 演习（波罗的海网络盾牌演习）（Gustafsson 等，2020）。该靶场具有以下优点：

（1）可在环境中有效地配置和部署千台规模的虚拟机群。

（2）具有可仿真用户和工具行为的流量生成器，可用于生成日志和监控运行环境。

（3）仿真环境均可并行运行，相互之间互不干扰。

（4）核心 API 提供多种服务，如身份认证和资源预留。

图 4.5 展示了该网络靶场的主要组件，主要包括：

（1）控制平面。用于管理网络靶场，可独立运行于事件平面之外，在事件平面上执行事件不会对控制平面产生影响，控制平面是一个安全区域。

（2）事件平面。在事件平面中，开展培训和测试活动。与控制平面一样，事件平面也是安全区域之一。

（3）虚拟化服务器。网络靶场需要约 500 台服务器运行 CRATE 操作系统（Gustafsson 和 Almroth，2020）。CRATE 操作系统基于 Linux，在只读模式运行。虚拟机及其配置信息存储在 OFS（叠加文件系统）中。

（4）核心 API 接口和虚拟机之间通过 Node Agent（节点代理）进行通信（Gustafsson 和 Almroth，2020）。

（5）仿真环境。不运行时，仿真环境的配置参数存储在配置数据库中。可使用仿真环境构建模拟互联网。仿真环境由数据库、DNS（域名解析系统）和搜索引擎等组成。

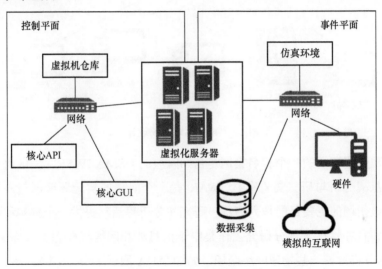

图 4.5　CRATE 靶场组件

4.2　物理网络靶场

如图 4.6 所示，物理网络靶场环境是对整个物理基础设施的复现。所有的组件，如防火墙、服务器和路由器等，都是为培训目的而 1∶1 复刻的。此类网络靶场虽然提供了真实环境，但也有以下缺点：

（1）复制和建立实时、复杂的网络靶场环境的成本非常昂贵。

（2）重新构建一个新的环境既费时又不经济。

（3）因为消耗大量电力且需要冷却系统，靶场运行变得非常困难。

（4）演习结束后的清理可能难以保证状态归零，一些复杂操作可能对系统或网络留下难以消除的影响。

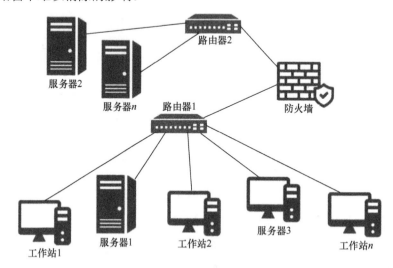

图 4.6　物理网络靶场设计

物理网络靶场的一个著名案例是初始阶段的 USMA IWAR（美国海军陆战队的信息战分析与研究实验室）。IWAR 是一个隔离的实验环境，与外界没有互联。该靶场的主要目的是为训练、研究和分析等活动提供一个真实和隔离的环境，并且在这里大部分研究工作集中于信息战和网络战概念上（详见 9.4.1 节）。本节将讨论一些物理网络靶场，如 SCADA 测试平台、SWAT 等。

4.2.1　SCADA 测试平台

关键基础设施是网络攻击或威胁的主要目标，不仅会破坏基础设施组件，还会造成经济损失。破坏活动可能是由内部恶意人员发起的，因为他们有情报数据的访问控制权限；也可能是由某个黑客发起的，使用预先打包好的工具破坏系统运行；更有可能是由组织严密的团队发起的，针对基础设施的安全漏洞（Davis 等，2006）。因此，分析网络威胁并缓解对关键基础设施的攻击影响，成为各方关注的焦点。首先，应该分析可能造成的影响、判定可能遭受的损失；然后，进行脆弱性识别；接着，利用脆弱性信息进行风险分析，风险分析结果告诉我们哪些脆弱性需要更多的保护；最后，以风险分析结果为依据，开发、测试和应用适当的防御技术。

以上就是研发一款可用于网络演习的测试平台的原因。SCADA 测试平台最初是用于评估公共网络上发现的脆弱性，它由以下部分组成：

（1）网络客户端。提供基础设施的图形化显示界面，也可提供控制功能，如根据数据源完成独立修改功能。可以对电力系统、通信网络以及显示屏等进行测试，测试环境中所有组件之间互不干扰。能够访问大量服务器，同时遵循一个复杂的、可配置的数据检索调度程序，并为数据检索设置固定时间间隔。还支持各种操作系统，如 Linux、Mac OS 和 Windows 等（Davis 等，2006）。允许在浏览器中执行 Java 程序以完成远程测试。

（2）PowerWorld 服务器。在服务器中，可模拟真实的电力网络结构，操作人员可依靠其先进的建模能力设计实现高精确度的模拟系统。可以向网络客户端发送 SCADA 数据，如线路状态、发电机状态、线路流量、相位角等。接受用户（客户）以指令的形式输入的控制命令。

（3）客户端服务器协议。该协议是请求/响应类型的协议，帮助客户与服务器达成通信。使用 TCP/IP 协议，客户端可通过在会话中发送或接收任意类型和数量的数据来完成通信。

（4）网络仿真器。用于仿真攻击、防御、大规模网络以及与网络相关活动。该平台使用的是 RINSE 网络仿真器，因为它能够同时模拟真实节点和虚拟节点，甚至可以生成真实的数据包，并在真实的网络中进行传输（详见10.1.2 节）。

（5）协议转换器。在真实硬件和网络客户端之间建立一个接口，将PowerWorld 的定制协议转换为现实的 SCADA 协议。帮助在 PowerWorld 服务器和复杂物理设备之间进行映射。Modbus 协议就是一个例子，它是最广泛使用的 SCADA 协议。

（6）模拟器集成。PowerWorld 与 RINSE 之间使用代理服务器、VPN 服务器以及 VPN 客户端进行通信。网络客户端使用代理服务器在一些特定的端口与 PowerWorld 之间进行通信。在模拟过程中，数据包的目的 IP 被转换成PowerWorld 服务器的虚拟 IP。数据包通过 VPN 传送到 RINSE 节点，并在那里注入模拟环境中。在模拟过程中，RINSE 使用这些数据包生成具有虚拟 IP 地址的真实数据包，然后通过 VPN 被传送到代理服务器，并对它们进行转换，最终发送到实际的 PowerWorld 服务器上。使用类似的过程，PowerWorld 可以与网络客户端进行通信。

还有一种 SCADA 测试平台成功地结合了 HIL（硬件在环）技术，它主要用于研究电力系统和远程监控系统的实时模拟。这一目标在南佛罗里达大学开发的 SPS 实验室 SCADA 测试平台上成功实现（Aghamolki 等，2015）。该平台侧重于配置和开发可以被数据包和设备使用的通信接口，使用 DNP3 和 Modbus 协议发送命令（Aghamolki 等，2015）。

（1）DNP3 协议。该协议是在 IEC（国际电工委员会）基础上制定的通信标准，是专门为优化 SCADA 数据传输而设计的，用于从一个系统向另一个系统发送控制命令。

（2）Modbus 协议。该协议是一种应用层协议，用于传递信息或发送命令。在 OSI 模型中，该协议位于第七层（应用层），负责为连接至不同类型总线或网络的设备之间提供客户端/服务器的通信服务。Modbus 协议使用功能码提供请求/应答服务，支持向 Modbus Poll 和 PI server 发送命令。

（3）PI server。全部命令被定义为数据标记点或特定标签，更改输出标签将会发送命令到 Modbus。支持多寄存器和单寄存器写入，具有归档数据和自动编码功能。

（4）Modbus Poll server。同样支持多寄存器和单寄存器写入，在发送即时命令方面也相似。

4.2.2 SWAT

SWAT 是一个用于研究水处理系统的网络安全测试平台，帮助研究人员设计安全稳定的信息物理系统，其主要研究方向包括（Mathur 等，2016）：

（1）了解网络攻击对水处理系统的影响。

（2）评估网络攻击探测算法的准确性。

（3）评估网络攻击条件下系统防御机制效能。

（4）了解工控系统之间的依赖关系，以及一个工控系统的崩溃会对其关联的工控系统产生的边际影响。

如图 4.7 所示，SWAT 的工作过程分为 6 个阶段，分别标记为 P1、P2、P3、P4、P5 和 P6。

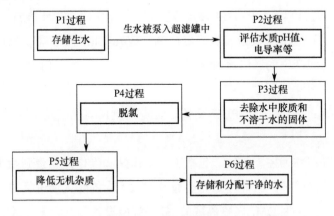

图 4.7　SWAT 过程设计

（1）P1 过程：存储生水阶段，为处理系统提供水源的缓冲区。

（2）P2 过程：预处理阶段，用于评估水质，如 pH 值和电导率等。

（3）P3 过程：水过滤净化阶段，当杂质通过滤膜表面时，大量胶质和不溶于水的固体被分离去除，并使用两个传感器测量过滤系统两端的压力差，确保去除水中不必要的少量残留。

（4）P4 过程：该阶段会去除水中剩余的氯。

（5）P5 过程：脱氯和过滤后的水在高压下被泵入半透膜。在该阶段，采用 RO（反渗透技术）降低水中无机杂质的数量。

（6）P6 过程：将处理过的水储存起来并准备分配。

SWAT 测试平台包括一个名为 SWAT Assault 的 CLI 解释器。它内置一个攻击模块集，负责对测试平台中运行的执行器和传感器发起注入和欺骗式攻击（Urbina 等，2016）。所有模块可独立加载、配置、执行。PLC（可编程逻辑单元）作为控制设备，接收传感器发送的数据，并向执行器发送控制命令。一个主 PLC 和一个副 PLC 被放置在一个环形结构中，主 PLC 负责控制物理进程，包括接收/转发数据等，副 PLC 跟随主 PLC 的工作状态。一旦主 PLC 发生故障，系统会自动将控制权切换给副 PLC。最近有一项研究（Athalye 等，

2020），通过实验方式对比了 SWAT 和 WADI 测试平台的性能。

测试平台中的 PLC、执行器和传感器使用 Ethernet/IP 协议和 CIP 协议（通用工业协议）进行通信，使用 Scapy、Wireshark 和 Ettercap 等工具进行网络流量分析和监测。其中：Ettercap 是一个攻击套件，用于发起无线攻击；Scapy 用于读取传感器数据和执行器命令；Wireshark 用于捕获分析环形网络拓扑中设备之间产生的通信流量。

测试平台由 4 个区域组成。

（1）A 区：包括 7 套 PLC 设备，负责控制所有 6 个阶段的执行器和传感器。

（2）B 区：称为控制系统，包括工程工作站和操作控制台。两个区域通过防火墙进行访问保护。其他区域需要通过测试平台的防火墙进行访问。

（3）C 区：称为 DMZ（隔离区），包括智能设备和远程操作控制台。

（4）D 区：称为工厂网络，包括工作站和服务器，可通过笔记本电脑进行访问。

4.2.3　WADI

WADI 测试平台是 SWAT 的拓展，自 2016 年开始运行，为帮助自来水厂抵御各种可能的物理攻击和网络攻击发挥了重要作用，模拟物理攻击效果，如化学品恶意注入和水泄漏等。由于配水系统由多组覆盖大面积开放区域的管道组成，因此很容易受到物理攻击。

SWAT 和 WADI 是相互关联的系统，对于了解掌握信息物理系统之间的相互依赖关系至关重要。Palleti 等（2021）描述了两个系统相互连接的三种情况：

（1）系统可能有一个或多个由其他系统提供的输入。

（2）系统分享共用一个或多个组件，如储水箱等。一个系统的消耗会影响另一个系统的资源可用性。

（3）两个系统中的任意组件均可用于资源迁移。

当前，WADI 测试平台可以开展以下活动（Ahmed 等，2017）：

（1）对 WADI 网络进行安全评估。

（2）通过开展实验，评估物理攻击和网络攻击的检测机制。

（3）了解互联系统之间的依存关系，以及被攻击系统对其他连接系统产生的附加影响。

如图 4.8 所示，WADI 测试平台工作流程由 3 个阶段组成。

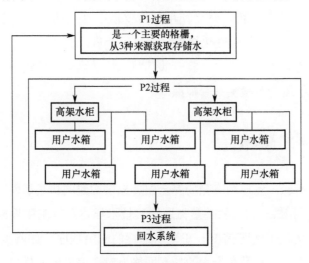

图 4.8 WADI 过程设计

（1）P1 过程：作为主要格栅负责供水。它包含两个水箱，每个水箱的容量为 2500L。水有 3 个来源——公用水、SWAT 处理过的水和来自 P3 过程的水。该过程利用水质量传感器，监测水被储存之前的水质变化，包括 pH 值、电导率、压力、浑浊度、余氯等。

（2）P2 过程：该过程由 2 个 ER（高架水柜）和 6 个用户水箱组成。来自 P1 过程的水根据水箱水位设定流向高架水柜，然后水流向有预定需求的用户水箱。在高架水柜的上端和下端分别安装了两个监测水质的站点。

（3）P3 过程：称为回水系统。在用户水箱被填满后，水被排入 P3 过程。

WADI 测试平台的网络结构分为 4 层。

（1）第 0 层：包括传感器和执行器。

（2）第 1 层：包括控制第 0 层组件的 PLC，这些组件以星形拓扑结构排列。

（3）第 2 层：包括工作站、智能设备以及用于监视控制的人机界面设备等。

（4）第 3 层：属于 DMZ 层，负责操作管理，包括一个 Historian 组件。

测试平台中的 PLC 与其他组件使用 Ethernet/IP 和 CIP 协议进行通信，第
0 层和第 1 层组件之间的通信使用电信号。SCADA 工作站获取传感器提供的
数据，并由 Historian 组件记录，这些数据被用于计算求值。WADI 测试平台
可以用于污染计量和泄漏检测两个活动的模拟。在污染计量中，计量系统准备
好一个计量泵和一个水箱，然后使用分析仪器在蓄水池的出口监测水质（浊
度、电导率、pH 值等）的变化情况，并进行计量。在泄漏检测时，使用一个
透明的双舱管道装置和调节阀，打开阀门将水排放到外部管道模拟泄漏状态，
压力变送器基于压力差检测是否泄漏。

4.3　虚拟网络靶场

如图 4.9 所示，虚拟网络靶场完全由虚拟机构建的仿真组件（包括软件和
硬件）组成。利用 SVN（软件虚拟网络）技术描述网络基础设施，在一定程
度上提高了靶场模拟的可信度。在靶场运行的应用程序，如网页浏览、视频/
网络会议和流媒体，都是在庞大的仿真网络上对通信设备的模拟。鉴于这一特
点，虚拟网络靶场具有以下优势：

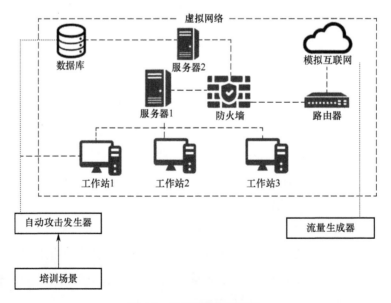

图 4.9　虚拟网络靶场设计

（1）与物理网络靶场相比，运营成本和资本投入大大降低。

（2）可以很轻松地搭建或删除，过程耗时少。

（3）在操作结束后，通过移除攻击元素，可以很容易地将靶场恢复原状。

（4）靶场资源可以轻松地按需扩展和缩减。

（5）可随时在线更新、打补丁、修复漏洞，保持最新版本。

（6）硬件配置更简单，在现有通用的硬件上即可将所有组件虚拟化；与物理网络靶场相比，对专业人力资源的需求更少。

然而，在虚拟网络靶场中，不可能将某些场景模拟的与现实世界的情况完全一样，真实性在虚拟靶场环境中很难完全实现，但是，构建场景逼真度对于训练即战斗（Train-as-you-fight）模式来说至关重要。在虚拟网络靶场环境中，实现精确模拟所有物理组件行为存在一定限制。例如，对防火墙和网络摄像头等组件进行建模可能存在难度，因为它们需要真实的流量和准确的数据。虚拟网络靶场的典型案例是 Virginia 网络靶场（详情见 10.2.5 节）。本节将介绍 CYRA 和 GISOO 网络靶场。

4.3.1　CYRA

CYRA 网络靶场是一个保障平台，用户可以开展以下活动（Smyrlis 等，2021）：

（1）采用通用或自定义的训练计划，培训用户如何应对各种网络攻击。

（2）对提升系统安全能力的相关技术进行有效性评估。

（3）定制化培训方案。

如图 4.10 所示，该网络靶场架构由三个主要组件构成（Smyrlis 等，2021）。

（1）Sphynx SAP：该组件包含多种工具（资产加载器、漏洞加载器、监控模块、测试模块和事件捕获器等），帮助用户理解如何通过监控、测试开展安全评估。资产加载器负责接收系统资产、安全属性、安全控制和破坏安全属性的威胁。漏洞加载器中包含各种已知漏洞。

SAP 根据组织的资产情况进行更新升级。监控模块是一个实时引擎，包含监控管理器、事件采集器和监视器，负责转发实时事件并接收监测结果。测试模块使用各种开源工具进行渗透评估，负责寻找漏洞以及检测发现系统中新增资产。事件捕获器采集数据并触发事件，负责制定规则、监测和评估模块。

（2）CTTP 模型编辑器：可通过网络靶场平台访问的 Web 服务，用于创建培训模块和 CTTP（网络威胁和培训准备）模型。其中，培训模块负责执行仿真、模拟以及对抗活动。

（3）CTTP 改编工具：用于改编现有模型和培训模块，也可协助创建和设计新工具以应对潜在的网络威胁。

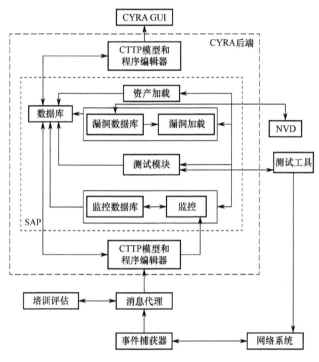

图 4.10　CYRA 架构设计

4.3.2　GISOO

GISOO 网络靶场是一个虚拟化的测试平台，集成了 COOJA（Osterlind 等，2006）和 Simulink（The MathWorks Inc.，2021）两个组件，用于真实模拟无线信息物理系统组件。其中，COOJA 组件用于仿真无线和定时通信模型的底层嵌入式代码，并灵活扩展了多种标准协议和插件，帮助 GISOO 搭建各种无线信息物理系统架构。GISOO 测试平台提供以下功能（Aminian 等，2013）：

（1）将 MAC 层和应用层结合，不需要复杂的设置即可模拟丢包。

（2）仿真无线通信网络的嵌入式代码，无须修改就可以直接在目标平台上执行。

（3）可以直接在 Simulink 组件中实现计算、驱动和控制功能，具有较强灵活性。

（4）能够对通信、控制和计算组件之间的关系进行全面分析。

（5）在 COOJA 组件上能够运行基于 Contiki、Tiny 等操作系统的无线平台。

如图 4.11 所示，GISOO 网络靶场架构由 COOJA 组件和 Simulink 组件组成。其中，Simulink 组件负责模拟动态物理系统并进行控制器设计，控制工程师使用 Simulink 组件研究和设计控制系统；COOJA 组件负责在无线执行器和传感器网络中模拟无线组件，可在操作系统级、应用程序级、计算机代码级的同一框架内进行跨平台的模拟。GISOO 插件负责之间的数据交换，该插件在 COOJA 内实现，从 Simulink 中检索数据并将其传递给 COOJA 中的无线节点，反之亦然（Aminian 等，2013）。

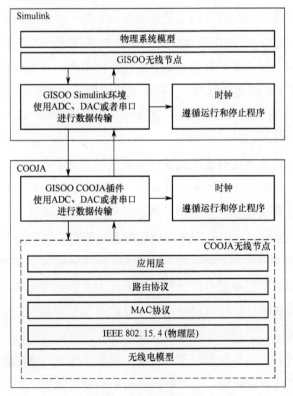

图 4.11 GISOO 架构

COOJA 组件和 Simulink 组件之间通过转换和传感器节点完成数据传输，通过时钟完成时间同步，遵循运行和停止程序。当 COOJA 组件中发生任意事件在时，时钟信息被传送到 Simulink 组件，在此阶段，Simulink 组件的时钟会停止，直到事件结束。此后，Simulink 组件的时钟将会运行，直到事件被再次运行。

COOJA 组件提供了用于无线代码开发的调试功能，如日志记录、断点重续和监视等。此外，它还可以查看所有节点发送的无线数据及其统计量，如耗电量。该网络靶场遵循 IEEE 802.15.4 技术标准，该标准为无线网络通信提供统一规范（Aminian 等，2013）。

4.4 网络靶场即服务

第 1 章中提到，CRaaS（网络靶场即服务）是一种服务模式，归靶场供应商所有和管理。CRaaS 的主要优点是为用户提供快速和经济的方式来执行各自的任务。在云上存储多种服务，如恶意软件模拟器、虚拟机管理程序、流量发生器和 SDN（软件定义网络），所有工具和服务由不同的云服务供应商提供，这些供应商为交付 CRaaS 而设定了复杂的管理和自动化目标（Reynolds，2019）。

这导致网络靶场基础设施无法保证为满足用户需求而进行必要的优化。如果没有对网络靶场基础设施的绝对控制权，组织机构将不能更新升级并提高整个基础设施的能力或性能，也就难以满足用户的实际需求。

Reynolds（2019）列出了不能自动化和有效管控网络靶场而导致的风险，主要包括：

（1）资产清单即时可见。由于财务原因，大多数网络靶场都会跟踪资产使用情况，但资源清单往往仅体现在更新不及时的电子表格上。因此，无论所需资源当前是否可用，工程师很难确定其是否真实存在。

（2）如果没有完整的文档记录，多个工程师要想对网络靶场基础设施进行更新升级就会变得异常艰难，这可能会导致靶场损失惨重。

（3）私有云和公共云都提供独立的解决方案。在某种云环境运行的工具和模块可能无法在其他不同环境中被众多终端用户共享。例如，一些资源可能只会运行在私有云上，影响资源整合。

（4）网络靶场拥有众多定制的环境和工具，却没有通用的控制界面，导致资源的分组使用受到限制。靶场运维不仅需要大量的资金，还需要专业的管理，从而将某些资源的管理权限限定在特定的小组成员身上。

（5）上述情况导致了靶场资源利用率非常低。设计和创建新资源需要大量的资金和深厚的技术储备，如果用户不能在需要时利用好这些资源，就可能导致巨大的损失和浪费。

CRaaS 概念为构建一个复杂、准确、高效且具有高利用率的网络靶场环境给出了解决方案。CRaaS 采用自动化框架，具有以下优势：

（1）成本效益高。在设备全部启用的情况下，浪费和支出明显减少。

（2）使用面向对象的方法创建、修改和维护组件模板，自动进行实时记录和结果分析，并形成详细的执行报告。用户对所有产生的数据集拥有完全的控制权，即对所有输出成果拥有所有权。

（3）支持快速分配和部署资源，以及快速生成报告。

CRaaS 提供了一个面向对象和完全集成的框架，帮助用户实现对任意类型网络靶场的自动化开发。该框架包括：

（1）一个完整、实时的资源清单。

（2）可用资源的拓扑设计。

（3）用于分配拓扑和资源预留的通用日历。

（4）使用靶场资源构建的可重复使用的模板库和对象库。

（5）资源诊断。

（6）用户完全掌握的测试日志和数据集。

参 考 文 献

Aghamolki, H. G, Miao, Z., Fan, L., 2015. A hardware-in-the-loop SCADA testbed. In: North American Power Symposium (NAPS), 4–6 October 2015 Charlotte. New York: IEEE, 1–6.

Ahmad, S., Maunero, N., Prinetto, P., 2020. EVA: A hybrid cyber range. ELETTRONICO, 2597(1),12–23.

Ahmed, C. M., Palleti, V. R., Mathur, A. P., 2017. WADI: a water distribution testbed for research in the design of secure cyber physical systems. In: Proceedings of the 3rd International Workshop on Cyber-Physical Systems for Smart Water Networks, 21 April 2017 Pennsylvania. New York: Association for Computing Machinery, 25–28.

Aminian, B., Araújo, J., Johansson, M., Johansson, K. H., 2013. GISOO: A virtual testbed for wireless cyber-physical systems. In: IECON 2013-39th Annual Conference of the IEEE Industrial Electronics Society, 10–13 November 2013 Vienna. New York: IEEE, 5588–5593.

Athalye, S., Ahmed, C. M., Zhou, J., 2020. A tale of two testbeds: A comparative study of attack detection techniques in CPS. In: International Conference on Critical Information Infrastructures Security, 2–3 September 2020 Bristol. Switzerland: Springer, 17–30.

Davis, C. M., Tate, J. E., Okhravi, H., Grier, C., Overbye, T. J., Nicol, D., 2006. SCADA cyber security testbed development. In: 38th North American Power Symposium, 17–19 September 2006 Carbondale. New York: IEEE, 483–488.

DIATEAM, 2020. DIATEAM, cybersecurity engineering company [online]. Available from: https://www.diateam.net/about-diateam-cyber-range-editor/ [Accessed 23 May 2021].

Gustafsson, T., Almroth, J., 2020. Cyber range automation overview with a case study of CRATE. In: Nordic Conference on Secure IT Systems, 23–24 November 2020. Switzerland: Springer, 192–209.

Mathur, A. P., Tippenhauer, N. O., 2016. SWaT: A water treatment testbed for research and training on ICS security. In: International Workshop on Cyber-Physical Systems for Smart Water Networks (CySWater), 11–11 April 2016 Vienna. New York: IEEE, 31–36.

Osterlind, F., Dunkels, A., Eriksson, J., Finne, N., Voigt, T., 2006. Crosslevel sensor network simulation with Cooja. In: 31st IEEE Conference on Local Computer Networks, 14–16 November 2006 Tampa. New York: IEEE, 641–648.

Palleti, V. R., Adepu, S., Mishra, V. K., Mathur, A., 2021. Cascading effects of cyber-attacks on interconnected critical infrastructure. Cybersecurity, 4(1), 1–19.

Rev. A., 2014. Cyber range: Improving network defense and security readiness real-world attack scenarios for cyber security training [online]. Ixia. Available from: https://support.ixiacom.com/sites/default/files/resources/whitepaper/915-6729-01-cyber-range.pdf [Accessed 23 May 2021].

Reynolds, C. T., 2019. Cyber range as a Service® CRaaS [online]. Available from: https://rdp21.org/wp-content/uploads/2020/11/Cyber-Range-as-a-Service-CRaaS-2019.pdf [Accessed 25 May 2021].

Smyrlis, M., Somarakis, I., Spanoudakis, G., Hatzivasilis, G., Ioannidis, S., 2021. CYRA: A model-driven Cyber range assurance platform. Applied Sciences, 11(11), 5165.

The MathWorks, Inc, 2021. Simulation and model-based design [online]. Available from: https://se.mathworks.com/products/simulink.html [Accessed 25 May 2021].

Urbina, D., Giraldo, J., Tippenhauer, N. O., Cardenas, A., 2016. Attacking fieldbus communications in ICS: Applications to the SWaT testbed. In: Proceedings of the Singapore Cyber-Security Conference (SG-CRC) 14–15 January 2016. Amsterdam: IOS Press, 75–89.

第 5 章
网络靶场职能：测试、训练和科研

5.1　测试

现代网络靶场提供了可扩展和隔离的环境，目的是（Chouliaras 等，2021）：

（1）构建逼真的对抗性场景。

（2）将模拟和仿真能力融合在一起，使其更具适应性和高效性。

（3）产生并维护各种类型的对测试规程有用的数据集。

因此，网络靶场是对网络基础设施开展渗透测试、安全测试和软件测试的理想平台。

5.1.1　渗透测试

渗透测试过程通常与系统的脆弱性评估有关，并在其后进行。从产品生命周期之初就开始追踪并发现安全漏洞，被认为是更有效的（Arkin 等，2005）。如图 5.1 所示，渗透测试是通过对授权管辖范围内的系统资产进行渗透攻击，以检测系统受损程度或挖掘新的漏洞，它是 VAPT（脆弱性评估和渗透测试）生命周期中的 9 个步骤之一：

（1）目标范围。

（2）侦察。

（3）检测系统漏洞。

（4）信息的分析和规划。

（5）渗透测试。

（6）提升特权。

（7）结果分析。

（8）报告。

（9）清理恢复。

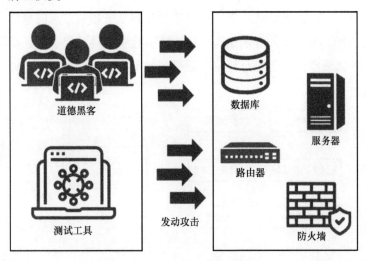

图 5.1　对网络组件的渗透测试

表 5.1 列出了一些常用的 VAPT 工具、软件许可及其适用的操作系统说明。在防御方面，VAPT 工具在评估和消除系统漏洞时至关重要。攻击者也会进行漏洞评估，并收集关于未修补漏洞的资产信息。及时修复或替换现有的资产，以避免不利的攻击，如 DoS（拒绝服务攻击）和 RA flooding（路由器通告洪水攻击）等（Goel 等，2015）。

表 5.1　VAPT 工具详细信息

VAPT 工具	软件许可	操作系统
Metasploit（Holik 等，2014）	专有软件	跨平台
Nessus（Thacker 等，2006）	专有软件	跨平台
Nexpose（Goel 等，2015）	专有软件	Windows，Linux
MBSA（Goel 等，2016）	免费软件	Windows
Canvas（Goel 等，2016）	专有软件	跨平台
Paros proxy（Ferreira 等，2011）	通用公共许可证	跨平台
OpenVAS（Kumar 等，2018）	通用公共许可证	跨平台

McDermott（2001）描述了渗透测试所遵循的两种方法。

（1）缺陷假设：该方法通常用于最新产品在其最后开发阶段的测试。首先，使用缺陷假设产生理论上的缺陷；然后，通过分析、筛选，并按优先顺序排列；最后，对已证实的缺陷进行彻底分析，并制定适当的修复措施。

（2）攻击树：该方法适用于不充分掌握被测系统相关信息的情况。基于逻辑运算符 AND 和 OR 的分层结构，构建叶节点中各种入侵事件。如图 5.2 所示，树的顶部节点代表主要目标，下面是各种子目标，使用逻辑运算符对子目标的分组进行操作。

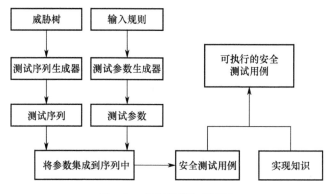

图 5.2　威胁模型生成过程

渗透测试需要进行 IT 安全测试、物理安全测试以及对员工的网络安全感知能力进行评估（Dimkov 等，2010）。常用的渗透测试技术包括：

（1）黑盒测试。测试人员完全不了解网络的内部架构，并从外部渗透到内部网络。

（2）灰盒测试。测试人员对系统配置有一定了解，可以从外部也可以从内部网络进行渗透。

（3）白盒测试。测试人员已经完全了解掌握系统架构的工作方式和相关配置，并从内部网络进行渗透，这种方式可为渗透测试过程提供全面的评估结果报告。

5.1.2　软件测试

软件测试是验证和确认软件是否按照规定的操作程序开发并满足设计要求，有助于发现任何影响其性能质量的错误。在软件测试期间，需要考虑以下目标：

（1）确认产品是否按预期运行，并验证是否按照计划高效地完成任务。

（2）测试活动应该优先考虑时间计划安排和预算的限制。

（3）在测试阶段，必须平衡现实需求、用户期望和技术限制等因素。

（4）必须对测试过程和结果做好记录和维护。

（5）必须提前筹划好测试目标和预期结果。

Sawant 等（2012）定义了软件测试的三个步骤策略：

（1）单元测试，是指对软件中的最小可测试单元进行检查和验证，无须等待其他单元的可用性测试结果，即可对产品的某一部分或代码进行测试，有利于提高资源的可靠性，且具有较好的成本效益，经常被称为白盒测试。利用该技术，调试变得更加精确，避免冗长的调试周期。

（2）集成测试，是指将调试与接口相关联，按照设计要求使用已通过单元测试的构件来构造系统程序结构。集成测试可以使用自顶向下或自底向上的方法进行。其中，自顶向下的方法，从主控模块开始并向下移动把模块一一组合起来。

在自底向上的方法中，构造和测试活动从最底层的模块开始。该方法不需要额外设计存根程序，所有低级组件以族群的形式被组合起来，这些族群有明确的子功能。使用测试驱动程序并协调它们与 I/O 接口之间的关系，一旦族群开始测试，驱动就会被移除。族群在向上移动时不断地被组合在一起。

（3）验收测试，用于验证产品是否符合相关标准，以及它是否符合必要的、客户指定的要求。该测试由外部人员开展，他们不关心具体系统编码，而是关心系统整体性能。验收测试属于黑盒测试类型，在完成产品生命周期后，被移交给最终用户之前进行。验收测试确保所设计的产品能够满足客户的需求，并且在实际操作中是有效的（Jamil 等，2016）。

5.1.3　安全性测试

安全性测试主要用于测试服务或产品是否符合相关安全要求或标准，包括完整性、机密性、授权、可用性和不可重复性等安全属性（Felderer 等，2016）。在开展安全性测试时，需要考虑以下因素（Felderer 等，2016）：

（1）攻击面。多个测试步骤可以同时高效并行，以修补更大范围内的漏洞。

（2）应用程序类型。由于测试步骤是针对产品或服务的，因此在一些移动应用程序上使用的测试方法，在用于多层请求/响应类型应用程序时可能没有那么高效。

（3）每种产品的资源利用和性能有所不同，因为它们需要不同的计算能力和人工成本。

（4）安全性测试的许可、支持和定期维护成本需要整合，并与整体预算相适应。

（5）利用误报率、修复建议等保持或提高测试结果的质量。

（6）由于安全性测试仅支持有限的工具和技术（如接口、编程语言、系统等），所以必须选择恰当合适的测试设备。

安全性测试技术主要包括威胁模型测试和 Web 安全测试。

5.1.3.1　威胁模型测试

威胁模型测试是一个系统化过程，涉及识别、分析、记录和缓解对系统的安全威胁。这种类型的安全性测试使用威胁树模型，使操作人员从攻击者的视角理解针对系统的安全威胁状况。Marback 等（2013）提出了威胁模型测试的主要步骤：

（1）资产识别。

（2）威胁确认。

（3）基于损害程度对相关威胁进行排序。

（4）缓解威胁。

5.1.3.2　Web 安全测试

现代工业在其网络基础设施中应用各种 Web 服务，这是基础设施中最重要也是最脆弱的组成部分之一。Web 服务通常是暴露的，因此，攻击者更容易使用注入攻击或加密攻击等方式进行渗透利用。开展 Web 安全测试需要保证（Vieira 等，2009）：

（1）操作人员对服务的过程行为有更好的理解。

（2）对先前尝试或执行的网络攻击行为有充分的认知。

（3）将测试结果与合理的要求进行对比。

最常见的针对 Web 服务的网络攻击方式之一是跨站脚本攻击（XSS），攻击者通过在 WSDL（Web 服务描述语言）中注入恶意的 JavaScript 脚本代码，达到窃取数据并破坏服务和系统完整性的目的。Web 服务假定服务器提供的代码是合法的，允许其访问相关机密信息（Salas 等，2014）。

最常见的针对应用程序的网络攻击方式是 SQL 注入，攻击者通过规避认证并注入恶意的 SQL 语句，欺骗服务器提取和执行命令。该攻击方式通过 Web 返回语句达成，甚至数据库的错误信息也足以帮助攻击者（Boyd 等，2004）。攻击者可以强行制造一个异常情况来获取关于数据库表的更多细节（Boyd 等，2004）。

安全性测试关注的重点是完整性、机密性以及端到端的通信安全。可以使用 Kerberos（Neuman 等，1994）、SAML（Groß，2003）和 X.509（Welch 等，2004）等安全令牌，核实用户的授权和认证，并允许他们访问相关服务。图 5.3 展示了用于保护 Web 服务免受外部攻击的安全规范堆栈。

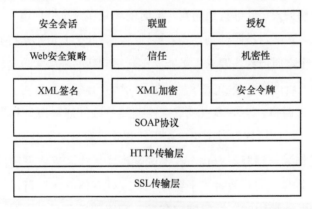

图 5.3　安全规范堆栈

如图 5.4 所示，Huang 等（2005）描述了 SEE（安全可执行环境），它是一个用于截获爬虫系统调用的不一致性检测环境。如果一个请求包含有恶意参数，爬虫系统就会被拒绝。SEE 研究并记录爬虫目标的行为，BMSL（行为监控规范语言）用于记录这些行为并将其存储在策略数据库中。它不仅是一种自我保护机制，也是一种检测 Web 应用程序中是否插入恶意代码的方法。

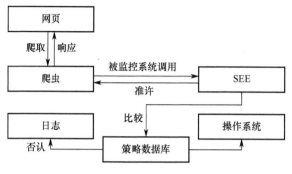

图 5.4　SEE 工作模式

5.2　训练

对操作人员开展网络安全准备的相关训练，对组织机构确保其网络基础设施的安全性至关重要。经过训练的专业人员可以有效地定位网络威胁或攻击，并实施必要的缓解程序。如图 5.5 所示，通过开展训练有助于建立良好的团队沟通机制，团队成员相互配合可及时发现并报告系统内发生的变化和异常。在网络靶场环境中，相关人员能够构建逼真、即时的场景和对抗性环境，并在安全可控范围内开展练习实践。按照计划定期开展训练，有助于人员不断提升技能并更新知识。这是一个本质属性，要求人员能够不断适应新的威胁和攻击样式的发展变化。现代网络靶场拥有开展和支持训练演习的所有必备工具，可以根据参与人员的数量进行及时调整。与军事领域重点强调要单独创建科研型和训练型的专门网络靶场不同，商业领域可以购买或租用的方式获取网络靶场平台及服务。

网络靶场作为一种服务方式，在不影响现实操作和真实系统的情况下，可以作为开展相关演习的有效替代平台，一些现代网络靶场还可以根据参加机构的特定需求在其环境中融入演习特定装备。网络靶场是解决所有"假设"场景和问题的理想平台，通过对基础设施的模拟与仿真，可向相关参与者更好地演示 IT 基础设施薄弱环节和易受攻击的特性，同时也有助于验证或设计改进训练目标的合理性。一些常见的训练目标包括：

（1）确认人员掌握的网络安全知识是否有效。

（2）评估团队对事件的准备是否充分有效，包括报告、分析和补救系统漏洞等。

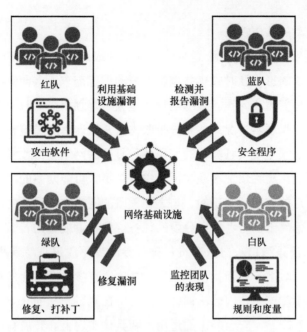

图 5.5 培训场景

（3）评估参与者的安全意识，是否能成功发现任何可疑的活动并采取必要的措施。

（4）参与者可以更加熟悉和适应网络基础设施及其组件。

（5）强化团队成员之间以及与其他团队之间的协作和沟通。

（6）了解团队角色并执行指定任务。

由于训练是在模拟/仿真环境中进行的，因此，更容易展示基础设施中的安全问题。在对安全服务或补丁进行测试后，即可用于训练场景。最重要的是，训练可以帮助组织改善基础设施安全状况，加强团队应对先进网络攻击能力，避免任何极端的安全损失。

5.2.1 如何使用网络靶场开展训练

在开始筹备训练活动时，要设定必要的训练目标和所需资源，并考虑相关参与者的技能水平，根据参与者的平均任职资格确定训练的难易水平和复杂程度。必须在计划执行前确立训练目标并在实施过程中保持不变，针对不同具体应用场景应该建立不同的训练目标或资源。明确清晰的培训目标，决定了参与者所要开展活动的具体性质。

因此，制定充分合理的计划对于训练是否成功至关重要。在训练开始之前，应该以会议的形式及时收集并调解各方的训练需求，共同探讨并预测训练中可能出现的任何潜在问题。训练的规模越大，筹划所需的时间就越长。训练目标必须反映客观现实情况，并充分吸取先前开展训练的经验教训。

训练场景必须是现实且具体的。用各种复杂的网络攻击或威胁来淹没参与者是没有必要的，这种情况在现实世界中也是不太可能发生的。训练必须立足于现实，将重点放在理解明确的、与之相关联的网络安全场景中，也就是说场景的构建不能偏离于参与者各自分配的任务。参与者被分为若干小组，每个小组分配不同的任务清单。白队有责任确保参与者不脱离训练课程的目标和规则，任何一个团队都不得干扰训练流程。并非所有参与者都会参与到新安全产品的设计和补丁测试中，因此，训练不能集中在测试产品的有效性上，而是应该聚焦于检查新产品、安全补丁的适用性和具体实现上。开展有计划的、切合实际的训练活动，可以提升学员的参与感和获得感。训练环境是由若干参与团队组成的。

最后，训练必须以学习为导向，而不仅仅是为了组织广泛而复杂的培训课程，过度强调课程重要性，有可能会失去训练的初衷。如果通过小规模的训练就可以实现既定目标，那么强行开展大规模的训练显得没有必要了。

5.2.2　网络安全感知训练

当前，网络安全感知对于沟通安全需求和适当的管理方法至关重要（Bada 等，2019）。网络安全感知不仅强调了所关注的领域，而且还鼓励采取适当的应对措施。许多组织和行业现在仅仅注重增强员工的网络安全感知能力，但有更多行业已经开始转向基于 IT 的基础设施，或使用 IT 技术系统现有的网络安全感知。因此，对于从事技术性和非技术性工作的员工来说，了解网络安全相关方面知识是至关重要的，有助于及时发现和报告系统中的任何异常情况。

除了掌握网络安全方面的知识外，还有必要强调做出适当的响应。一个人虽然有网络安全方面的知识，但不一定有意识或有能力去做出相应的响应动作。因此，开展网络安全感知训练，有助于同步培养良好的网络安全行为和响应习惯。Zwilling 等（2020）描述了网络安全感知的三个层次。

（1）低级感知：人员可能会疏忽安全告警。

（2）中级感知：可能会在具体技术操作上出现处理不当的情况。

（3）高级感知：在网络安全方面有足够的知识储备，并有能力阻止网络攻击。

CyberCIEGE（Cone 等，2007）是一款网络安全感知游戏，它不仅支持开展网络安全训练，而且还以安全冒险游戏的形式使团队交战变得更加生动有趣，目前被多个组织机构用于开展信息安全保障（IA）和网络安全方面的教育和训练。CyberCIEGE 提供了以下关于网络安全感知方面的训练主题：

（1）理解 IA 和网络安全方面的定义、描述、相互作用关系和重要性。

（2）了解信息价值，确保信息安全。

（3）体验必要的、灵活的访问控制方式。

（4）防止与外界共享或泄露密码。

（5）确定如何利用和获取资源防止恶意软件进一步传播的技术操作。

5.2.3　事件响应训练

成功地响应网络事件，是指及时实施缓解程序，并控制网络攻击的进一步发展。随着基础设施中不断应用先进的技术设备，网络攻击的数量和频率也随之增加。因此，有必要进行网络事件响应训练，帮助工作人员研究潜在的网络攻击、系统漏洞、安全漏洞等，及时沟通并有效地应对网络攻击。因此，开展事件响应训练是为随时可能发生的网络事件做好充分准备的最佳选择。训练能够促使人员积极考虑并报告任何安全警报或系统发生的变化，从过去的事件和失败中汲取经验，一旦检测到网络攻击，必须在其造成严重损失之前将其遏制。事件发生过后，可以进行分析和研究工作，学习消化和总结梳理相关经验教训，开发相应的安全程序，以缓解未来可能发生的类似攻击事件。图 5.6 显示了事件响应训练中涉及的主要流程。这就像对网络攻击采取实际的缓解应对措施一样，训练结束后，学员的反馈将有助于管理人员及时掌握训练是否达到了预期目标以及学员的更多需求。

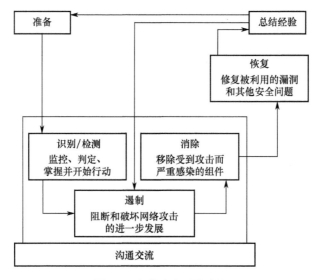

图 5.6　事件响应训练流程

5.3　科研

　　网络靶场是开展网络安全相关科研工作的理想平台。有 7 家学术和军事机构，不仅开发了自己的网络靶场，而且还将其应用于科学研究和分析工作，在第 10 章中将对学术领域的网络靶场进行讨论。第 3 章中讨论了关键行业对网络靶场的需求，如供水（WSS）、石油和天然气（O&G）、电力、海事和物流等行业。然而，网络安全和基于互联网的技术并不只限于这些行业，其他一些行业也正在发生转变，并在其基础设施中充分融入 IT 技术。因此，这为扩充网络安全方面的应用需求提供了新的研究领域。

　　例如：基于物联网的高速公路维护。随着物联网技术在高速公路维护中的应用，多种物理设备、计算系统和数据集等嵌入其中，最终会暴露出更多网络攻击的潜在区域或漏洞（Trotter 等，2018）。更重要的是，这些组件非常容易受到入侵攻击，尤其是物联网的相关组件。在高速公路系统中，这些组件更容易被破坏，因为它们处于开放环境中，而且它们还需要进行定期的检查和维修。

　　需要采用特定的标准规范和适当的治理方法，管理和解决与网络安全有关的问题。因此，需要研究制定网络安全的具体标准，并对物联网领域与其他领域之间的数据共享问题进行广泛深入地调研。

在识别错误操作时还需要对人的因素所起到的作用开展相应研究，如提供认证、检测入侵企图、报告事件、管理操作等。此外，还有必要了解和评估伴随这些可能错误的风险（Boyce 等，2011）。识别风险也提供了这些错误在不同场景下发生的可能性，风险后果和缓解策略可以被用来研究并开发容错系统。

为了理解信息技术在社会以及政治背景下的应用，还需要对网络安全政策进行研究（Cavelty，2018）。从这两个角度来看，对网络安全的看法是不同的。从社会角度来看，它是一种分辨受影响组件的实践活动。从政治背景来看，它是推进政治议程的一种手段。前者忽略了网络安全的其他意义，而后者则对网络安全方面的具体应用和操作缺乏了解。Cavelty（2018）强调，需要研究解决如何更好地结合这两个概念，并为每种概念提供更好地诠释。

参 考 文 献

Arkin, B., Stender, S., McGraw, G., 2005. Software penetration testing. IEEE Security and Privacy, 3(1), 84–87.

Bada, M., Sasse, A. M., Nurse, J. R., 2019. Cyber security awareness campaigns: Why do they fail to change behaviour. arXiv preprint arXiv:1901.02672, 1–11.

Boyce, M. W., Duma, K. M., Hettinger, L. J., Malone, T. B., Wilson, D. P., Lockett-Reynolds, J., 2011. Human performance in cybersecurity: A research agenda. Proceedings of the Human Factors and Ergonomics Society Annual Meeting, 55(1), 1115–1119.

Boyd, S. W., Keromytis, A. D., 2004. SQLrand: Preventing SQL injection attacks. In: International Conference on Applied Cryptography and Network Security, 8–11 June 2004 Yellow Mountains. Switzerland: Springer, 292–302.

Cavelty, M. D., 2018. Cybersecurity research meets science and technology studies. Politics and Governance, 6(2), 22–30.

Chouliaras, N., Kittes, G., Kantzavelou, I., Maglaras, L., Pantziou, G., Ferrag, M. A., 2021. Cyber ranges and testbeds for education, training, and research. Applied Sciences, 11(4), 1809.

Cone, B. D., Irvine, C. E., Thompson, M. F., Nguyen, T. D., 2007. A video game for cyber security training and awareness. Computers and Security, 26(1), 63–72.

Dimkov, T., Van Cleeff, A., Pieters, W., Hartel, P., 2010. Two methodologies for physical penetration testing using social engineering. In: Proceedings of the 26th Annual Computer Security Applications Conference, 6–10 December 2010 Austin. New York: Association for Computing Machinery, 399–408.

Felderer, M., Büchler, M., Johns, M., Brucker, A. D., Breu, R., Pretschner, A., 2016. Security testing: A survey. Advances in Computers, 101(1), 1–51.

Ferreira, A. M., Kleppe, H., 2011. Effectiveness of automated application penetration testing tools.

Goel, J. N., Mehtre, B. M., 2015. Vulnerability assessment & penetration testing as a cyber defence technology. Procedia Computer Science, 57(1), 710–715.

Goel, J. N., Asghar, M. H., Kumar, V., Pandey, S. K., 2016. Ensemble based approach to increase vulnerability assessment and penetration testing accuracy. In: 2016 International Conference on Innovation and Challenges in Cyber Security (ICICCS-INBUSH), 3–5 February 2016 Greater Noida. New York: IEEE, 330–335.

Groß, T., 2003. Security analysis of the SAML single sign-on browser/artifact profile. In: 19th Annual Computer Security Applications Conference, 8–12 December 2003 Las Vegas. New York: IEEE, 298–307.

Holik, F., Horalek, J., Marik, O., Neradova, S., Zitta, S., 2014. Effective penetration testing with Metasploit framework and methodologies. In: 2014 IEEE 15th International Symposium on Computational Intelligence and Informatics (CINTI), 19–21 November 2014 Budapest. New York: IEEE, 237–242.

Huang, Y. W., Tsai, C. H., Lin, T. P., Huang, S. K., Lee, D. T., Kuo, S. Y., 2005. A testing framework for Web application security assessment. Computer Networks, 48(5), 739–761.

Jamil, M. A., Arif, M., Abubakar, N. S. A., Ahmad, A., 2016. Software testing techniques: A literature review. In: 2016 6th International Conference on Information and Communication Technology for the Muslim World (ICT4M), 22–24 November 2016 Jakarta. New York: IEEE, 177–182.

Kumar, R., Tlhagadikgora, K., 2018. Internal network penetration testing using free/open source tools: Network and system administration approach. In: International Conference on Advanced Informatics for Computing Research, 14–15 July 2018 Shimla. Switzerland: Springer, 257–269.

Marback, A., Do, H., He, K., Kondamarri, S., Xu, D., 2013. A threat model-based approach to security testing. Software: Practice and Experience, 43(2), 241–258.

McDermott, J. P., 2001. Attack net penetration testing. In: Proceedings of the 2000 Workshop on New Security Paradigms, 18–21 September 2001 Ballycotton. New York: Association for Computing Machinery, 15–21.

Neuman, B. C., Ts'o, T., 1994. Kerberos: An authentication service for computer networks. IEEE Communications Magazine, 32(9), 33–38.

Salas, M. I. P., Martins, E., 2014. Security testing methodology for vulnerabilities detection of XSS in Web services and WS-security. Electronic Notes in Theoretical Computer Science, 302(1), 133–154.

Sawant, A. A., Bari, P. H., Chawan, P. M., 2012. Software testing techniques and strategies. International Journal of Engineering Research and Applications (IJERA), 2(3), 980–986.

Thacker, B. H., Riha, D. S., Fitch, S. H., Huyse, L. J., Pleming, J. B., 2006. Probabilistic engineering analysis using the NESSUS software. Structural Safety, 28(1–2), 83–107.

Trotter, L., Harding, M., Mikusz, M., Davies, N., 2018. IoT-enabled highway maintenance: Understanding emerging cybersecurity threats. IEEE Pervasive Computing, 17(3), 23–34.

Vieira, M., Antunes, N., Madeira, H., 2009. Using Web security scanners to detect vulnerabilities in Web services. In: 2009 IEEE/IFIP International Conference on Dependable Systems & Networks, 29 June-2 July 2009 Lisbon. New York: IEEE, 566–571.

Welch, V., Foster, I., Kesselman, C., Mulmo, O., Pearlman, L., Tuecke, S., Gawor, J., Meder, S., Siebenlist, F., 2004. X. 509 proxy certificates for dynamic delegation. 3rd Annual PKI R&D Workshop, 14(1), 1–17.

Zwilling, M., Klien, G., Lesjak, D., Wiechetek, Ł., Cetin, F., Basim, H. N., 2020. Cyber security awareness, knowledge and behavior: A comparative study. Journal of Computer Information Systems, 1(1), 1–16.

第6章
网络演习和团队定义

6.1 网络演习需求分析

军事、商业、学术等各个领域都需要开展网络演习（CE）。随着网络技术和网络威胁的快速发展变化，网络攻击的数量和频率也在过去几十年里成倍增长。网络攻击会对网络基础设施产生破坏性影响，并可能危及国家、经济、民生和公民的安全（Clark 等，2016）。

未雨绸缪、提前做好应对网络威胁的准备，可有效节约人力和时间成本。例如，不可能随时随地地向高级官员报告网络攻击情况，然后等待他们做出决策。相反，拥有一个专业知识和丰富经验的团队来处理这种情况更加可行，他们会及时提供有关损害的情况报告。网络靶场为开展网络演习提供了平台环境，通过开展网络演习，可灌输和培养人员应对网络突发事件的应急管理能力，如团队沟通协作、判断决策、分析报告等。

演习有助于测试政府雇员在网络环境中的实际操作能力，深入了解电子政务系统的运行情况及其脆弱性（Conklin 等，2006）。团体参与演习，通过以逼真的方式（模拟）设计和构建现实的场景及安全问题，评估团队应对网络攻击的响应能力（Sommestad 等，2012）。

与辅导课和游戏相比，网络演习更加复杂（Čeleda 等，2015）。CDX（网络防御演习）（Schepens 等，2002）是一种竞赛形式，不同团队共同参与设计、防御、执行和管理一个网络，并开展网络取证分析和必要的安全配置等工作。

网络演习有利于探索和开展以下工作。

1）安全竞赛

常见的网络安全竞赛包括 CSAW（NYU，2021；如图 6.1 所示）、iCTF（Shellphish，2021）以及网络安全挑战赛（Anonymous，2021）等。这些竞赛因为参与者的水平、使用的模拟环境以及提供的激励措施等因素而有所不同。通常情况下，竞赛可以采用两种方法：面向防御的方法和面向进攻的方法。

夺旗赛（CTF）　　　　　　应用研究比赛　　　　　　红队竞赛

逻辑锁比赛
(Logic locking)　　　　Hack3d比赛　　　　嵌入式安全挑战赛

图 6.1　CSAW 举办的安全竞赛

模拟环境旨在提供真实的攻击场景，参与者在场景中发现分析网络漏洞，采取修复措施并生成一份报告。不同团队被分配不同任务，按照组织者的既定方案在规定时间内完成任务，并为每个参与者及其所属团队生成一份成绩单。

2）事件检测和分析

如图 6.2 所示，事件检测和分析是执行事件响应的 6 个主要步骤中的两步。及时发现和分析任何潜在的事件（网络攻击），并对事件进行分类，进一步采取有效的应对措施，以防止任何不利的长期影响。在军事或商业领域的网络演习中，通过模拟组织机构的网络拓扑结构，供人员开展训练活动，包括应对网络攻击、发现系统脆弱性、执行安全测试等，最终形成一份全面的报告。

在开展网络演习时，网络靶场会记录相关事件及其状态。通过将这些日志记录与其他调查研究数据相结合，还可以重复创建演习中发生的一组事件。网络靶场设施可用于事件管理（Mitropoulos 等，2006；Werlinger 等，2010）和取证调查（Meyers 等，2004）。模拟网络安全事件可为网络威胁评估、情报分析、预防数据和 IP 泄露等提供支撑，制定更加明确的行动方案和职责分工，建立良好的沟通渠道，确保响应团队能够做出及时敏捷反应。

| 1. 计划和准备 | 2. 事件检测 | 3. 分析 |

| 4. 遏制 | 5. 消除和恢复 | 6. 后续调查 |

图 6.2 事件响应步骤

3）提高人员的综合技能

为了规避和应对网络攻击，需要组建一只训练有素且能够应对各种威胁情况的团队。通过开展网络演习，可有效提升各个能力阶层人员的网络安全技能，包括：接受过网络安全不同程度教育/训练的人员；对内网安全或鱼叉式网络钓鱼等安全概念知之甚少的人员；更依赖工具并对相关数据缺乏深刻理解的人员。在演习中，各个团队相互协作，进一步提升人员应对网络攻击威胁能力。

4）识别

识别需求包括识别出关于网络安全的特殊需求、网络基础设施故障以及在先前演习中识别出来的关于政策和程序方面的问题错误等。识别内容可以分为以下两大类：

（1）识别技术脆弱性。及时发现网络架构和组件中的任何技术缺陷，防止被攻击者利用，这一点很重要。网络演习还可以测试网络架构中组件的稳健性，以及验证事件响应机制的有效性。通过演习，发现系统中任何可能导致不可预测的技术故障，防止资产遭受损失。CTF（夺旗赛）和军事战争游戏是专门为识别网络机制中脆弱性而开展的网络演习活动，这两种形式的演习既可以在组织机构内部开展，也可以像举办大赛一样大规模地开展，还可以作为不同组织和政府之间的联合演习。

（2）识别政策和程序问题。在应对网络攻击时，识别出相关政策或程序中的差距不足，对于确保网络安全至关重要。这些差距不足或需要改进的地方，可能会影响应急响应机制的顺利执行，也可能会导致更容易发生攻击事件。网络靶场提供安全可控的环境，恶意攻击可以被多次重复使用，且不存在对基础设施或系统组件造成任何实际损害的风险。在网络靶场中开展网络演习，在最大程度上减少网络攻击对真实网络基础设施造成影响的基础上，识别出相关政策和措施的差距不足，同时也为纠正和改善这些差距不足提供有益的实践探索。

5）测试

在真实网络安全基础设施上开展任何技术性测试都是不现实的。因此，在网络靶场平台上开展网络演习，可以测试产品功能、程序和组件。在军事和 IT 行业领域，在设备部署前使用模拟环境测试系统软件和硬件是很普遍的做法。网络演习为实时测试新的产品、功能、程序提供基础支撑，同时也避免对现实世界的真实系统造成严重后果。

6.2　网络演习生命周期

如图 6.3 所示，网络演习大致可分为三个阶段（Wilhelmson 等，2011）。从本质上讲，演习是可以多次重复进行的，且阶段之间会发生重叠，所以各个阶段会存在相互影响关系。

1）计划阶段

计划阶段决定了实施阶段和反馈阶段的有效性和可行性。在每一种情况下，演习都必须针对组织的一个特定场景开展设计和准备工作。根据企业要求和所需要的学习内容，从既定的目标中提取演习参数，进而制定完整的演习指南。既定目标用于规定运行环境要素，如功能、风险、威胁、脆弱性等，这些要素用于设计并实现模拟演习环境。每个活动的细节以及每个参与者在演习中的角色分工都需要在实施阶段开始之前就做好规划。

图6.3 网络演习生命周期各阶段

构建演习场景的方法有很多，通常会考虑以下要素，如威胁模型、人员的可用性以及明确的技术等，需要经过深思熟虑后做出选择。演习的场景和需要学习的内容必须放在同一层面统筹考虑，即演习中的所有要素和事件都要与既定的学习目标相关联，进而创建一个可以涵盖所有既定目标的技术环境。如果没有详细的计划，所创建的技术环境可能无法支持完成学习目标，也无法实现技能的提高。

筹划一次大规模的网络演习，需要考虑时间、资金和专家准备情况等各种现实因素。筹备过程中还需要对人员进行面试。例如，演习的组织者不具备军事或航空等特定领域的专业知识，需要从其他团队引进以获取专业支持。

2）实施阶段

实施阶段相较于其他阶段时间跨度长，侧重于演习的管理工作，以实现大多数的预期目标。在整个演习过程中，需要时刻关注和保持态势感知（SA）。由于态势感知属于基础专业技术，因此经常被列入技能培训清单中。

态势感知系统可以让白队成员实时监测参与者在操作上的反馈结果。在整个操作过程中，核查参与者如何处理事件也是关键，如果参与者对事件的响应没有达到预期目标，白队将进行调整以保证演习接续执行。最通用的方法之一是启动新的计划，让参与者提供必要的信息支撑，切实引导他们实现既定的学习目标。

3）反馈阶段

从个人学习角度出发，这是演习的一个必要阶段。因此，必须为反馈阶段分配足够多的时间，充分分析和讨论每一个重要事件的操作策略。

参与者可以就网络演习期间发生的事件提出问题。大多数情况下，讨论具体事件的过程细节非常重要。参与者可以解释他们如何在给定场景中做出响应，并讨论他们在演习中观察到的其他情况。通过分析讨论，将进一步激发参与者踊跃思考，并使下一阶段的学习目标更加明确。

6.3 网络演习设计步骤

设计一次网络演习需要不同阶段参与人员的共同精准规划，如图 6.4 所示，设计实现一次网络演习总共分为 7 个步骤。

1. 明确演习目标   2. 确定演习方式   3. 绘制网络拓扑
4. 设定演习场景   5. 制定规则   6. 衡量标准   7. 总结经验

图 6.4　网络演习设计步骤

1）明确演习目标

确定目标对于确保演习成功至关重要。假设一次网络演习是以风险分析为目标，那么将侧重于识别基础设施中最脆弱和最关键的部分。应该基于它们可能造成的损害程度和发生概率等因素，预先确定需要被分析的风险。

各个参与演习的团队应该对演习目标有清晰明确的认识，并遵循预先制定好的响应计划。每个网络演习都必须有一个确定的代号，使其更容易进行区分和参照。

为了确保所有资源需求都得到满足，需要向管理层提供开展网络演习的合适理由并得到他们的认可，管理层的支持也会使演习得到更多的推荐和参与。为了确保演习中得到更好的资源赞助，需要关注以下要素：演习的关注领域及其必要性、所需的资金和人力资源、所涉及的风险或替代方案、提高知名度、沟通策略，以及提供演习进展的定期更新。

2）确定演习方式

网络演习是资源密集型活动，为了确保所有目标都得到满足，有必要选择一种最佳的实现方式。采用正确的演习方式有助于获得充分认可，大体上存在两种不同演习方式。

（1）桌面演习：一种基于会商讨论的会议形式，所有团队成员聚集在一起，讨论他们各自的角色分工以及对网络事件的响应计划。

（2）实战演习：一种实时的网络演习方式，所有团队在模拟的网络事件中执行各自的任务。

演习方式的选择必须以演习目标为导向，这对于加强团队成员协作、保证演习周密顺利开展非常重要。在决定采用哪种演习方式时必须考虑以下因素：演习目标、可利用的资源、创建和实施演习的时间，以及哪些团队需要参与演习。

3）绘制网络拓扑

确定网络演习的拓扑结构，可以用于显示哪些物理设备处于运行状态。拓扑图中可以显示设备的相互连接情况，监控其运行状态，并确保演习区域的正常运转。例如，路由器、服务器和台式机等物理设备可以通过它们的名称、IP地址、逻辑和物理角色以及内存等特征来描述。

4）设定演习场景

演习场景是建立在既定目标和拓扑结构基础之上。考虑到人员的理论水平和 IT 经验参差不齐，组建定制化的团队成员，有利于为网络演习提供更加全面的专业知识和技能支撑。

要想达到所有既定目标，应该以现实中真实发生的事件为参照，提前向参与者提供关于网络演习的相关背景信息。演习的输入（以书面或口头形式）也提供相关信息，包括一些补充材料和评估指南，这将使网络演习更具吸引力。

在设置网络演习场景时，必须考虑以下几点：演习需尽可能地接近真实情况；监控参与者的所有活动；从演习结果和参与者的表现中找出新的经验教训；演习的时间安排不能与个人的关键时期相冲突，否则会导致分心，妨碍参与者以及组织者的正常操作。

5）制定规则

为了顺利开展网络演习，有必要事先制定并分发相应的演习规则，指导帮助参与者为演习做好充分的准备工作。演习规则必须能够传达所有必要的背景信息、时间安排以及对参与者的期望，必须让参与者清楚地了解演习目标，并消除任何可能妨碍演习进程的混乱状况。

6）衡量标准

必须为演习的每个阶段确定衡量标准，以评估各小组和参与者的表现。

衡量标准必须是准确和全面的，并为预期的各种情况提供一个整体性的说明。定义不明确的指标，会导致不可靠和不确定的结果。在确定衡量标准时，必须考虑以下几点：参与者完成既定任务所需的时间、决策的质量、所采取行动的成功率，以及参与者是否按计划实施了响应动作。

7）总结经验

演习必须通过一定方式回顾组织者和参与者获取的经验教训。组织者通过观察和记录参与者的相关活动情况，确定哪些因素对实现预期目标是否起了作用。参与者在演习后填写一份报表，向组织者反馈有关演习设计和开展的相关意见。组织者收集他们撰写的经验教训、相关建议和活动总结，为进一步改进和提高演习服务质量提供价值参考。

6.4　网络演习方法

如 6.3 节所述，采用哪种网络演习方式，取决于演习目标。其中，实战演习可以分为三种主要方式：DOA（面向防御的方法）、OOA（面向进攻的方法）以及混合方法。大多数情况下，实战演习的重点是训练安全管理员，可采用 DOA 方法。对于漏洞测试人员，首选的方法是 OOA。对于大规模的安全培训，可以混合采用这两种方法。

1）DOA 方法

如果网络演习的目标是研究和实践在应对网络事件中采取的防御技术，则可采用 DOA 方法，它与系统管理和取证任务紧密相关，防御团队必须完成以下几组行动。

（1）制定安全策略：基于目前掌握的系统漏洞情况，制定新的安全策略，升级基础设施安全机制并预防更加先进的网络攻击。

（2）使用安全程序：可以使用新的加密技术建立安全信道进行数据传输，修复安全漏洞和有问题的物理组件。

（3）系统及其组件的安全监测：确认制定的安全策略是否有效，以及它们是否满足上述要求。例如，可以采用入侵检测系统监测异常的网络流量。

（4）程序执行后的安全状态测试：必须对安全状态进行测试，以确认是否存在可能导致重要数据丢失的漏洞和后门。

（5）提高基础设施的整体安全性：所有上述几组行动都是为改进安全程序、应对复杂网络威胁和攻击的重要举措。

上述一系列行动都包含在"安全轮"中，如图 6.5 所示，它被用来保护被防御的资产，监测系统活动，尽早地发现网络攻击行为，并通过定期增强系统配置来应对网络威胁。采用 DOA 方法组织网络演习活动需要开展以下工作：

（1）参与者使用自己的计算机完成演习清单中的任务要求。

（2）参与者必须配置并保护网络系统中特定组件的默认安装和服务。

（3）参与者必须在演习环境中保护已安装和已配置的系统不受攻击团队的攻击。

蓝队演习采用 DOA 方法，其演习目的是训练人员确保预先配置组件的安全，并掌握必要的网络防御知识和技能。这些技能包括安全配置、恶意软件的取证调查以及处理其他网络事件。

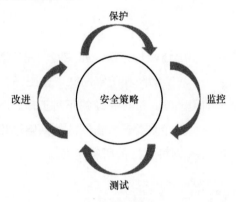

图 6.5　安全轮

2）OOA 方法

OOA 方法有利于参与者了解基础设施中存在的可被黑客利用的漏洞或程序问题，帮助参与者更好地理解如何针对网络攻击采取必要的防御措施。

红队演习采用 OOA 方法，其演习最终目的是为改进安全工具和程序提供支撑，提高应对复杂网络事故的能力。红队演习可以模拟真实环境中对基础设施的网络事件，还可以模拟图 6.6 所示的攻击步骤。

图 6.6　红队任务

采用 OOA 方法，还可以对目标系统和组件进行渗透测试，检测和评估系统中的漏洞，识别安全违规行为等。

有必要学习和分析以往的攻击方法和模式，并开发针对性的缓解工具或程序。OOA 方法将参与者置于攻击者的位置，发现和利用目标系统的漏洞，并完成其他指定任务。

3）混合方法

网络演习可以混合使用上述两种方法，如 CTF（夺旗赛）。在 CTF 比赛中，参与者被分成两队——攻击团队和防守团队，如图 6.7 所示。攻击团队的任务是发现并利用系统的脆弱性，破坏系统的正常工作。防御团队的任务是修复脆弱性，并设计新的安全程序来缓解攻击团队的网络进攻。混合方法在演习环境中融合了 DOA 和 OOA 两种方法的所有元素。

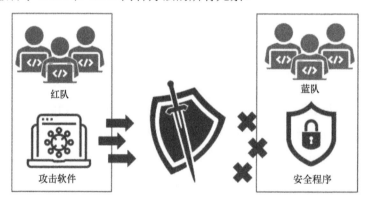

图 6.7　混合方法

表 6.1 总结了 3 种方法的特点和实例。

表 6.1　设计网络演习时使用的不同种类方法的特点和实例

方法	特点	实例
OOA	● 训练人员确保预先配置组件的安全 ● 提高抗攻击技能，消除网络事件的影响	● 红队演习 ● 网络联盟演习
DOA	● 识别系统漏洞、故障组件以及 bug ● 测试并执行安全策略和程序	● 蓝队演习 ● 波罗的海网络盾牌演习
混合方法	● 实时的网络攻击和防御培训 ● 在演习中结合了 DOA 和 OOA 两种方法的所有元素	● 夺旗赛 ● 锁盾演习

6.5 网络演习一般特征

1）良好的学习氛围

网络演习提供一个安全可控的学习和实践环境。通过开展演习活动，可浓厚组织内部的学习氛围，建立组织应对网络事件和响应计划的弹性能力。

将组织的价值观融入演习目标中，参训人员学习掌握如何克服制约因素、威胁以及应对挑战的技能，进而提升整个组织应对网络事件的响应能力。

2）可扩展性

网络演习活动可以为参与者提供所有必要的物理资源和虚拟资源。在举办国际或国家级别的比赛时，还可以扩展容纳适当规模的参赛人员。

网络演习可以通过更新升级，扩展构建更为复杂、逼真的网络场景和安全程序。为了实现所有设定的目标，可灵活选择适当的方式开展演习设计工作，并可根据要求进行适当调整。

3）逼真性

迁移复制整个网络基础设施是不可行的，操作过于复杂且成本非常高。因此，可在网络演习中搭建一个逼真的目标环境，开展测试安全策略、新的软件补丁以及修复系统漏洞等训练任务。

在网络演习环境中，既可以设计实现逼真的基础设施组件，还可以实时模拟现实世界中的网络威胁和攻击。在演习环境中开展模拟训练，可以提高参与者应对网络威胁的应急响应能力。

6.6 网络演习分类

网络演习可大致分为两种类型：全模拟演习和桌面演习。

1）全模拟演习

全模拟演习是资源密集型演习，为网络事件提供了技术上的支持和展现。综合利用物理资源和虚拟资源复现网络基础设施，为参与者构建逼真的模拟场景以及完成各自目标所需的必要资源。全模拟演习将参与者分成不同的团队，各个团队沟通协作、相互配合，以完成各自预期目标。举办一次全模拟演习，需要提前确定好演习筹划方案，明确目标、任务、衡量标准以及参与者的职责分工，并为参与者规划好必要的资源以保证其能够圆满顺利完成演习任务。演习还可以为参与者提供一种身临其境的互动体验。

2）桌面演习

桌面演习是一种基于假设场景的会商讨论形式，不需要任何技术上的支持，因此它也可以被描述为关于潜在网络事件和可行解决方案的"圆桌式讨论"。讨论的目的之一是：在没有现实攻击威胁发生的情况下，共同商议如何配置有效的安全策略；讨论的目的之二是：在无法构建对抗网络事件场景的情况下，共同商议如何建立抽象的解决方案及相应对策。与全模拟演习方式不同，桌面演习是在非正式的环境中开展的，所需的资源较少，并且可以灵活地容纳更多人员参与其中。

表 6.2 对网络演习的两种类型做了进一步比较。

表 6.2　网络演习的两种类型比较

	桌面演习	全模拟演习
描述	一种纸笔驱动的讨论方法，组织者提供相关脚本的输入	构建实时、逼真的模拟场景，用于人员对网络基础设施开展网络攻击训练
目标	• 确认网络安全人员对事件的响应计划 • 确认安全程序 • 观察和描述漏洞检测程序，并指定一套用于漏洞修复的工具	• 人员技能训练 • 识别有可能被利用的系统漏洞，并进行修复 • 测试安全软件补丁和安全策略 • 研究新型网络事件场景，并就如何遵循既定的响应计划进行训练
优点	• 有助于各团队之间建立良好的沟通机制 • 与其他专家、合作伙伴和组织之间分享安全情报 • 提高测试人员应对网络攻击的响应能力 • 提高对网络安全的认识	• 提供实时、逼真的模型环境 • 在模拟环境中对新的安全工具、软件、修复程序等进行安全地测试，而不会给实际的网络基础设施带来损伤后果 • 开展训练并评估人员能力
复杂程度和所需资源数量	• 桌面演习方式可以在几天内完成计划的制定并执行 • 所需资源较少，主要取决于参加人员的数量	• 需要提前确定好演习筹划方案，明确目标、任务、衡量标准以及参与者的职责分工等 • 需要大量的物理和虚拟资源以达成所设定的目标，并确保适当的活动流程

本章列举了一些典型的网络演习案例，本节将挑选几个案例进行重点描述和讨论。

1）CTF（夺旗赛）

CTF 是一种网络安全竞技比赛形式，参赛者需要完成指定任务：通过各种攻击方式进入服务器后，从隐秘的文件中寻找指定的字段，或文件中某个固定格式的字段，这个字段称为 Flag。参赛者需要使用各种黑客技能并穷其所能来捕获 Flag，并将它们提交到 CTF 服务器中以获得分数。分数的多少取决于每个任务的难易复杂程度，得分最高的团队或参赛个人将赢得比赛。

CTF 包括三种不同模式。

（1）解题模式：该模式需要参赛人员使用网络安全技能入侵网站或者靶机，以成功捕获固定格式的字符串为完成一个任务的标志，只有在成功完成前一个任务后，才能解锁领受新的任务。这种模式包括 Cryptography（密码学）、Pawning（攻破）、Steganography（隐写术）、Forensics（取证）以及 Web 相关类型的题目。

（2）攻防模式：该模式采用分组对抗方法，一个小组闯入另一小组的安全区以获得 flag，同时也要确保自己系统的安全不受对手的影响。在比赛开始前，两组都有一定的时间来识别自身系统中存在的敏感问题并加以解决。攻防对抗模式要求团队成员之间团结协作，以获得最高分数。

（3）混合模式：顾名思义，混合采用解题模式和攻防模式。可先进行解题模式，再进行攻防对抗；也可以反过来，先进行攻防对抗，再进行解题模式。

2）红队竞赛

红队竞赛通过采用各种网络安全技能，评估组织机构基础设施的安全性。红队竞赛也可采用模拟的攻击场景。

相关团队和参赛人员的首要任务是识别、利用和报告基础设施的脆弱性。

红队竞赛与红蓝对抗竞赛不同，其主要目标是，使用各种技术手段隐秘渗透到组织机构的基础设施中，识别确认有缺陷的组件、安全漏洞、bug 以及其他脆弱点，并形成评估报告。基于红队竞赛，可有效提升参赛人员检测和隔离网络攻击的技术能力，也可为组织机构开发新的安全工具和策略提供支撑。

3）网络安全研讨会

网络安全研讨会是桌面演习的一种形式，采用会议交流的方式分析讨论网络安全领域相关政策，需要的资源相对较少。军事人员非常适合采用这种方式，因为这样的网络演习既不费时也不需要前期大量准备工作，通常会议过程仅需几个小时，而不像其他演习那样既耗时耗力，还需要各种技术资源支撑。

4）锁盾演习（Locked shields）

锁盾演习是一个国际性的演习，主办方为 NATO（北约），具体操作机构为 CCDCCOE（合作网络防御卓越中心）。通过模拟军事、商业等领域关键基础设施，举办实时性、红蓝对抗性的比赛，与其他成员国共同开展训练、实验等方面的合作。

演习的重点是练习战术和战略决策，增强各参演国之间的国际交流。演习中，主办方通常会模拟设定一个场景，如现实世界中某个复杂网络基础设施遭到大规模网络攻击事件，协调各个团队依据可靠的威胁情况报告，采取专业化的系统防御措施，检测并应对网络攻击威胁。

5）波罗的海网络盾牌演习（BCS）

波罗的海网络盾牌演习始于 2010 年，是一个国际性的网络防御演习。演习包括 6 个蓝队，由政府、企业和学术部门人员组成，主要任务是保护虚拟系统网络免受来自红队的攻击。该演习模拟设定场景，网络安全小组（蓝队）与黑客团队（红队）开展网络攻防对抗，保护 SCADA（数据采集与监视控制）系统免受攻击。演习规则由白队制定和管理，由绿队负责基础设施和其他技术性保障，如记录、录音、通信等。该演习的缺点是设定了过多的目标且资源不够充足，以及参与者过多导致了很多无法预见的实际困难。

6.7　团队定义

一个典型的网络演习需要各种类型的人员共同参与，通常根据他们在演习中扮演的具体角色和责任分工被分成不同的小组，并非所有的小组都会参与到每一种网络演习中。以下是网络演习中常见的 4 个主要团队。

（1）红队：一般来说，红队的任务是找到网络中的漏洞，并利用这些漏洞攻击破坏系统。红队使用实时性安全工具来模拟真实世界的安全事件和网络攻击，在未经授权的情况下进入系统并削弱其防御能力。演习中，可同时采用外部攻击和内部威胁两种方式，内部威胁例子是利用心怀不满的员工从内部进入并破坏整个系统。

（2）蓝队：负责保护组织机构网络基础设施的安全，并对攻击行为做出正确的响应。蓝队的核心任务是检测到所有遭受的网络攻击，并给予必要的响应，以缓解由红队开展的入侵和攻击行动。根据网络演习的类型和目的，蓝队可以吸纳 IT 专业人员并建立 SOC（安全运营中心）团队。蓝队的终极目标是及早发现网络攻击并对基础设施进行实时保护。

（3）白队：负责指导网络演习的全过程执行，确保所有团队遵守规则的前提下，评估各个团队完成任务情况，验证演习结果是否符合预先设定的评分规则，并协调解决其他相关问题。白队由演习导演、平台管理员以及具有丰富演习指导经验的专业人员等组成。

（4）绿队：负责在网络演习执行过程中改善所有在场团队之间的沟通协作，以及修复由蓝队发现并报告的故障和漏洞。在演习环境中，它代表了组织机构的可信任用户，从而合法、真实地向其他团队呈现网络流量和应用日志等信息。该团队通常使用流量回放、Web 浏览器模拟器以及更先进的工具和技术开展工作。

6.8　小结

网络靶场可为网络演习提供基础性、支撑性环境，是实现网络态势感知概念、训练人员网络安全技能的必要平台。在真实的网络系统上直接开展测试并验证修复程序是不切实际的，因此，以网络靶场环境为基础构建网络演习测试环境，不仅可以分析验证修复程序在基础设施环境中是否有效可行，还可以防止不可预知的后果和灾难。网络演习的生命周期可以分为三个阶段——计划阶段、实施阶段和反馈阶段，由于演习会经常反复开展，因此各个阶段往往会相互重叠。网络演习的几个重要特征包括浓厚学习氛围、可扩展性、提供逼真的场景等。常见的网络演习包括 CTF（夺旗赛）、红队竞赛、网络安全研讨会等。尽管演习对任何组织机构或政府部门的网络和架构都是至关重要的，但它仍然面临着许多挑战，如实施成本，演习升级等，这往往与现有目标相冲突。网络演习最重要的组成要素是团队，一般情况下可分为四个团队——红队、蓝队、白队、绿队，但也可以根据演习的实际情况有所增减和调整。每个团队在演习中被赋予不同的任务目标。例如，红队负责寻找网络基础设施的脆弱性并进行渗透利用；蓝队负责阻止来自红队的攻击，并在绿队的帮助下找到并修复漏洞；白队负责演习导调、规则制定和流程管理。各个团队相互沟通协作，共同训练并提升各自网络安全技能，以获取良好的学习实践经验。

参 考 文 献

Anonymous, 2021. Cyber security challenge [online].Available from: https://www.cybersecuritychallenge.org.uk/ [Accessed 03 Feb 2021].

Čeleda, P., Čegan, J., Vykopal, J., Tovarňák, D., 2015. Kypo – A platform for cyber defence exercises. In: M&S Support to Operational Tasks Including War Gaming, Logistics, Cyber Defence, 5–9 October 2015 Munich. Germany: NATO Science and Technology Organization, 1–12.

Clark, R. M., Hakim, S., 2016. Protecting critical infrastructure at the state and local level. In: R. M. Clark, S. Hakim, eds., Cyber-Physical Security. Switzerland: Springer, 1–17.

Conklin, A., White, G. B., 2006. E-government and cyber security: The role of cyber security exercises. In: 39th Annual Hawaii International Conference on System Sciences, 4–7 January 2006 Kauai. New York: IEEE, 1–8.

Meyers, M., Rogers, M., 2004. Computer forensics: The need for standardization and certification. International Journal of Digital Evidence, 3(2), 1–11.

Mitropoulos, S., Patsos, D., Douligeris, C., 2006. On incident handling and response: A state-of-the-art approach. Computers & Security, 25(5), 351–370.

NYU Tandon School of Engineering, 2021. CSAW – CyberSecurity competition [online]. Available from: https://www.csaw.io/ [Accessed 03 Feb 2021].

Schepens, W., Ragsdale, D., Surdu, J. R., Schafer, J., 2002. The cyber defense exercise: An evaluation of the effectiveness of information assurance education. The Journal of Information Security, 1(2), 1–14.

Shellphish Team, 2021. The UCSB iCTF [online]. Available from: https://ictf.cs.ucsb.edu/ [Accessed 03 Feb 2021].

Sommestad, T., Hallberg, J., 2012. Cyber security exercises and competitions as a platform for cyber security experiments. In: A. Jøsang, B. Carlsson, eds., Nordic Conference on Secure IT Systems, 31 October–2 November 2012 Sweden. Switzerland: Springer, 47–60.

Werlinger, R., Muldner, K., Hawkey, K., Beznosov, K., 2010. Preparation, detection, and analysis: The diagnostic work of IT security incident response. Information Management & Computer Security, 18(1), 26–42.

Wilhelmson, N., Svensson, T., 2011. Handbook for Planning, Running and Evaluating Information Technology and Cyber Security Exercises. Sweden: Försvarshögskolan (FHS).

第7章
模拟和仿真环境

7.1 仿真环境

使用一组替代系统和被试系统（SUT）组件来描述网络基础设施的方式称为仿真（Göktürk，2007），图 7.1 所示为仿真环境的组成要素，可以看出，仿真环境的真实性依赖于被试系统组件在环境中的复现。许多网络靶场是基于仿真环境开发的，如美国国家网络靶场（NCR）（详见 9.3.1 节）、联合信息作战靶场（JIOR）（详见 9.3.2 节）、Emulab 试验平台（详见 10.2.3 节）和 DETER 试验平台（详见 10.2.4 节）。设计实现仿真环境需要考虑以下因素。

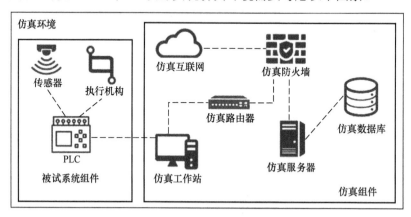

图 7.1　仿真环境组成要素

（1）实验成本：与模拟环境相比，构建仿真环境较为经济划算，但必须要注意的是，在计算总体成本时，要将构建实验环境条件、购置新的设备材料所产生的成本变更考虑在内。

（2）及时执行：仿真环境可以根据训练或实验活动的需要来控制时间的推进，仿真时间可控制活动进程的加快推进或放缓推进。因此，及时地执行真实的应用程序任务成为可能。

（3）调校环境条件：操作人员可以完全控制并设定环境条件和工作组件。环境中真实的被试系统组件不能被改变或干预，只有仿真的组件才可以由操作人员根据训练目标进行动态调整。

（4）生成结果：为突出真实性特征，仿真环境中需包含真实的被试系统组件，以产生可信的结果报告。然而，如果环境使用若干个过于简单化的仿真组件，可能会导致不准确甚至是完全错误的结果，影响后续的研究分析工作。

（5）用户友好性：仿真环境使用已有模型或模块来构建场景。仿真环境由训练、测试和研究等模块，以及 API 接口、现有事件库等组成，并提供可迁移和可操作的资源控制能力。

7.1.1　仿真环境需求分析

搭建基于仿真环境的测试平台主要用于开展训练和科研等工作，更具体地说，仿真主要用于评估端到端的系统或协议的性能（Lochin 等，2012），也可用于保存测试对象（Van der Hoeven 等，2007）。构建一个可保存数字对象的仿真器，该仿真器可为要保存的数字对象提供安全和持续可用的环境。由于仿真环境关注的是真实系统的复现，因此它适用于创建仿真数字对象的原始环境和组件。

仿真环境可用于创建停产的硬件和软件（Van der Hoeven，2012）。数字文件从一种格式转换另一种格式后，可能会导致某些信息的丢失。然而，如果在仿真环境中重新创建原始系统并进行文件转换，就可以有效避免这种情况的发生，图 7.2 描述了这一过程。仿真环境还可以与其他复杂的网络模拟器一起使用（Weingärtner 等，2008），为开展网络安全相关领域的研究工作（如 DoS、信息和无线网络安全以及僵尸网络）提供基础支撑环境（Mirkovic 等，2010）。

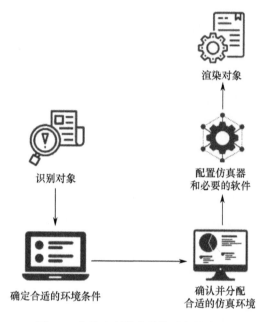

图 7.2 在仿真环境中渲染对象的步骤

7.1.2 仿真模型类型

仿真环境中包含各种构造的场景，这些场景大致可分为静态、事件驱动和基于追踪的模型（Lochin 等，2012）。图 7.3 展示了仿真系统中使用的部分网络模型。

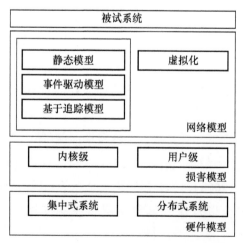

图 7.3 仿真系统架构

（1）静态模型（Static model）：该模型中，环境中所有会话活动（如实验、训练等）的执行参量都是恒定的。因此，有必要在会话活动之前就配置好参数。它主要用于表征人工 QoS（服务质量）的合理情况（Lochin 等，2012）。静态模型用于测试产品、协议或服务的预期应用效果，如 Dummynet 网络流量控制工具（Rizzo，1997）。

（2）事件驱动模型（Event-driven model）：用于对产品、服务或协议的一般行为进行程序化表述（Lochin 等，2012）。在设定的事件条件下，对被试系统进行验证并与其他 SUT 进行比较。事件可以是时钟刻度、数据包数量等，如 Netshaper（Herrscher 等，2002）和 KauNet（Garcia 等，2007）。

（3）基于追踪模型（Trace-based model）：通过复现与原始流量一致的网络流量行为，构建更加真实的场景。由于是非确定性的，因此该模型不能够完整地复现网络行为（Lochin 等，2012）。为了便于评估，它可实现复杂流量的重要特征。

7.1.3　仿真器

本节将介绍一些常用仿真器，如 Dummynet、NetEm 和 NIST Net。

7.1.3.1　Dummynet

Dummynet 是 FreeBSD 操作系统的内建工具，如图 7.4 所示，它被插入工作中的协议栈中，在独立系统中进行实验。Dummynet 截获协议栈中相邻协议层之间的通信，通过控制通信流的队列长度、带宽限制、延迟等网络特性，达到网络仿真的目的。Dummynet 工具提供了对运行参数的绝对控制，方便用户使用，并促进了真实流量生成器的使用（Rizzo，1997）。它可以支持在单个系统上执行多个实验。Carbone 等（2010）为进一步扩展仿真器的功能提出了相关建议。它支持运行多种调度算法，且可以在 Linux、Windows 和 MacOS 等操作系统上使用。Dummynet 使用管道（pipe）设定规则，实现队列（rq、pq）、连接（link）、调度器、带宽等方面的控制。该工具还可以创建多个管道，允许多个节点之间的双向数据传输（Vanhonacker，2003）。

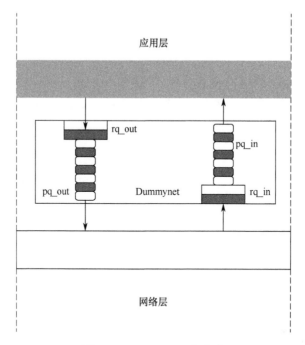

图 7.4　Dummynet 工作方式

7.1.3.2　NetEm

NetEm 是运行于 Linux 操作系统上的网络仿真功能模块（Hemminger，2005），可用于仿真广域网中的丢包、延迟、重复、损坏以及乱序等问题。它包含一个内核模块和 CLI（命令行界面）（Hemminger，2005）。其中，内核模块负责队列规则控制，CLI 负责配置规则。它包括私有和嵌套的 FIFO（先进进出）队列（Hemminger，2005），这些队列用于确定网络流量的优先级并控制网络拥堵。尽管 NetEm 也支持多种不同的队列规则，但主要在"链路"层面实现网络功能退化的仿真。

NetEm 通过在将数据包发送到队列之前随机丢弃部分数据包，以实现丢包的仿真功能；通过在发送到等待队列之前随机克隆数据包，以实现对数据包的仿真功能。仿真的网络抖动会低于真实的输入（Jurgelionis 等，2011）。抖动可以用一系列变化的参量来描述，如标准误差、平均值和相关度等（Jurgelionis 等，2011）。NetEm box（Ahmad 等，2020）是该仿真器的改进版，由一个有限的缓冲存储器组成。当缓冲存储器因为反复的高延迟而被填满时，就会发生丢包情况。因此，它相当于在延迟和丢包之间建立了一种类似于真实设置的关联关系。图 7.5 展示了 NetEm box 在网络基础设施中的设置方式。

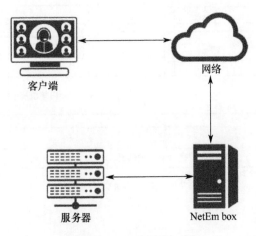

图 7.5　NetEm 设置方式

7.1.3.3　NIST Net

NIST Net 发布于 1998 年，最后一次版本更新是在 2005 年，是一种在不同网络环境下仿真 IP 网络性能的通用工具。它允许用户完全控制环境中的应用程序和协议，并仿真由拥堵、不对称带宽等问题带来的网络损失状况。NIST Net 具有以下功能（Fanney 等，2014）：

（1）便捷地仿真关于网络性能的各种复杂场景，如带宽限制、数据包随机处理、重复、拥堵等。

（2）具备 GUI（图形用户界面）功能，可以对通过路由器的数据包流进行监控并选择截获，还可以修改 IP 数据包。

（3）支持扩展数据包处理的其他功能，如数据采集、数据包的时间戳等。

如图 7.6 所示，NIST Net 的体系结构是一个实时的 Linux 内核，它包括内核模块和用户接口（Carson 等，2003）：

（1）内核模块：负责使用实时时钟代码连接到 Linux 网络，并获取应用程序接口（API）的控制权。

（2）用户接口：负责通过使用 API 来配置和控制内核模块的操作。

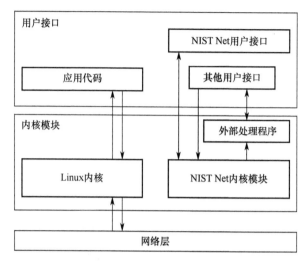

图 7.6　NIST Net 体系结构

7.2　模拟环境

Ingalls（2011）将模拟环境描述为真实被试系统的一个副本或一个模型。模拟技术对于开展网络方面的研究发挥了重要作用，许多研究团队不仅需要学习和使用它，而且还开发了许多针对特定目标的模拟技术。模拟环境具有以下优势（Guruprasad 等，2005）：

（1）所执行的各种场景可以被重复使用和操作，直到达到实验目的为止。

（2）与仿真环境相比，模拟组件相对来说更容易配置。

（3）模拟环境使用 JAVA、C++等高级语言编写。

（4）如图 7.7 所示，它通过复制网络基础设施的所有组件来提高模拟的真实性。

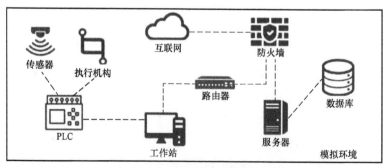

图 7.7　模拟环境设计

（5）利用模拟平台，可以在多个抽象层次上分析系统的脆弱性。

图 7.8 显示了开展系统模拟的基本过程，真实的被试系统行为和特征可以通过模拟模型实现，模拟模型可以支持构建不同场景，场景执行完毕后，还可对组件性能数据和所有日志信息进行分析，分析结果可以在被试系统中体现。

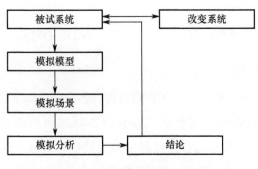

图 7.8　系统模拟的基本过程

7.2.1　模拟环境需求分析

几十年来，模拟环境被广泛应用于教育培训、网络研究等领域，并解决关键基础设施的相关问题。

（1）在教育领域，通过搭建以教学为目的的模拟环境，帮助学生将复杂的关联关系可视化，并提高解决问题的能力（Kincaid 等，2003）。像科学和数学这样的技术学科一样，可以采用集体方式和应用方式来授课，帮助学生开展网络安全方面的培训和实践。

（2）在网络研究领域，基于事件驱动的模拟环境可以建模出不同种类事件，如数据包的接收和发送，也可以对异常检测工具进行评估（Ringberg 等，2008）。

（3）基于模拟技术的测试平台可用于试验安全机制，确保 HAN（家域网）的网络安全，并防止其受到网络攻击和威胁（Tong 等，2014）。

（4）可用于评估智能电网（Le 等，2019）、供应链（Li 等，2021）和物联网设备（Ahanger，2018）等关键基础设施的脆弱性，并制定缓解方案。

（5）可以对军事领域的自主运载工具，如 UAV（无人驾驶飞机）、UGS（地面无人系统）等，进行网络攻击建模分析（Bergin，2015）。

（6）可用于构建灵活、可扩展的虚拟化实验室，以理解和研究 IA（信息安全保障）和 IO（信息战）概念（Murphy 等，2014）。

7.2.2 模拟器

本节将讨论一些典型的模拟器，如 NS2、NS3、OMNET++、QualNet。

7.2.2.1 NS2

NS2 开发于 1995 年，是 VINT 项目的一部分（Siraj 等，2012）。NS2 是基于事件驱动的模拟器，用于研究和分析不同通信网络协议（如 TCP 和 UDP）的动态特性，也可用于分析路由协议性能，如 DSR、AODV、DSDV 和 OLSR（Mohapatra 等，2012）。它的主要缺点是不能进行可视化操作，使得修改参数、配置组件等操作变得困难（Jubair 等，2016）。

NS2 架构如图 7.9 所示（Issariyakul 等，2009）。

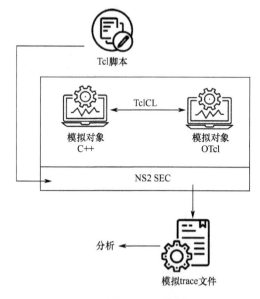

图 7.9　NS2 架构

（1）SEC：负责接收来自 Tcl 脚本输入的名称和参数，并分析模拟过程生成的 trace 文件。

（2）编程语言：使用 C++和 OTcl 作为开发语言。C++负责定义模拟对象的后端，OTcl 负责建立和配置对象及其前端，并管理用户的交互。这两种语言通过 TclCL 接口对接。

7.2.2.2　NS3

NS3 是一种离散事件驱动的网络模拟器，主要用于教学和研究。它不是 NS2 的扩展，而是一个全新的模拟器，NS2 和 NS3 都是各自独立开发的模拟器。与 NS2 不同，它完全支持 python 和 C++语言开发，由内部接口和应用接口组成（Zarrad 等，2017）。如图 7.10 所示，它使用 C++语言编写，并包括使用 python 语言编写的接口。它还提供虚拟化能力，并支持开源开发。

如图 7.11 所示，NS3 包括以下模块（Carneiro 2010）：

（1）内核模块（Core）：负责记录、追踪和回调操作，由随机变量、智能指针、属性等组成。

（2）公共模块（Common）：由数据包和信息组成，如数据包标签、头文件和其他文件。

（3）模拟器模块（Simulator）：负责事件调度。

（4）节点模块（Node）：属于节点类，包括地址类型、队列、套接字等。

（5）移动模型模块（Mobility）：移动模型模块。

（6）助手模块（Helper）：由高级封装器组成，与脚本有关。

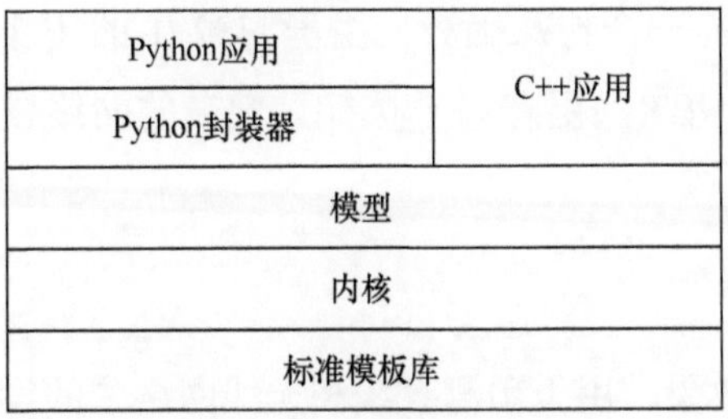

Python应用	C++应用
Python封装器	
模型	
内核	
标准模板库	

图 7.10　NS3 架构

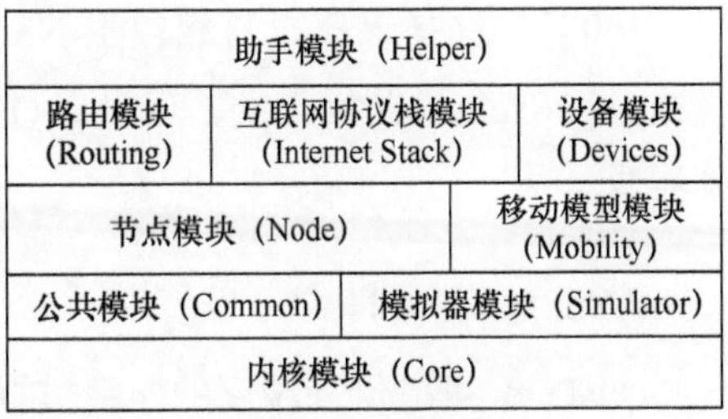

助手模块（Helper）		
路由模块（Routing）	互联网协议栈模块（Internet Stack）	设备模块（Devices）
节点模块（Node）		移动模型模块（Mobility）
公共模块（Common）	模拟器模块（Simulator）	
内核模块（Core）		

图 7.11　NS3 模块

7.2.2.3　OMNET++

OMNET++是一种基于组件的、模块化的、开放架构的、离散事件的网络模拟器（Siraj 等，2012），常用于计算机网络和排队的模拟。它包含一个 C++库，用于创建模拟信道、组件等，并支持并行模拟方式。如图 7.12 所示，OMNET++架构包括一个可配置的通信库（Varga 等，2008），各种模块通过消息传递的形式进行通信。活动模块使用 C++语言编译实现，用于发送和接收信息，也可以几个模块组合在一起形成复合模块。

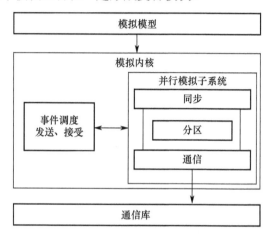

图 7.12　OMNET++逻辑架构

　　OMNET++的类库涵盖了多种常用任务，包括队列类和容器类，提供从数据流中生成随机数的能力。该模拟器还支持模拟路由流量（Varga 等，2008），使用网络拓扑描述语言（Network Description Language，NED）作为它的 GUI（图形用户界面）工具，实现参数化拓扑结构绘制功能（Varga 等，2008）。这是该模拟器相较于 NS2 的一个特殊优势，由于 NS2 中的拓扑结构是用 Tcl 编译执行的，因此，OMNET++更有利于执行大规模的网络模拟任务。

7.2.2.4　QualNet

　　QualNet 可提供高精度的网络模拟效果，用于预测有线和无线网络中的设备性能（Varga 等，2008），是进行大规模异构网络模拟的理想选择。QualNet 使用 C++语言编译实现新的协议模型，使用 PARSEC（复杂系统的并行模拟环境）在分布式系统上执行相应操作。QualNet 被用于评估 WiMAX（全球微波互联接入）的性能（Shuaib，2009）。QualNet 5.0 问世并实现 GUI 功能，将极大提升网络场景的开发能力（Dinesh 等，2014）。

QualNet 模拟器具有以下优点：

（1）如图 7.13 所示，按照分层架构采用模块化的堆栈设计。

（2）可以快速编译形成原型协议。

（3）每层都有一个固定的测量值。

（4）通过定义好的 API 达成协议栈中的跨层通信。

（5）具有良好的可扩展性和灵活性，支持并行模拟方式。

（6）通过 GUI 进行系统和协议的建模。

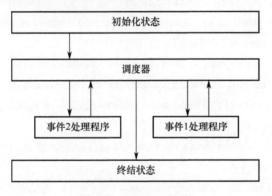

图 7.13　QualNet 架构

参 考 文 献

Ahanger, T. A., 2018. Defense scheme to protect IoT from cyber attacks using AI principles. International Journal of Computers Communications & Control, 13(6), 915–926.

Ahmad, N., Wahab, A., Schormans, J., 2020. Importance of cross-correlation of QoS metrics in network emulators to evaluate QoE of video streaming applications. In: 2020 11th International Conference on Network of the Future (NoF), 12–14 October 2020 Bordeaux. New York: IEEE, 43–47.

Bergin, D. L., 2015. Cyber-attack and defense simulation framework. The Journal of Defense Modeling and Simulation, 12(4), 383–392.

Carbone, M., Rizzo, L., 2010. Dummynet revisited. ACM SIGCOMM Computer Communication Review, 40(2), 12–20.

Carneiro, G., 2010. NS-3: Network simulator 3. UTM Lab Meeting April, 20(1), 4–5.

Carson, M., Santay, D., 2003. NIST Net: A Linux-based network emulation tool. ACM SIGCOMM Computer Communication Review, 33(3), 111–126.

Dinesh, S., Sonal, G., 2014. Qualnet simulator. International Journal of Information & Computation Technology, 4(13), 1349–1354.

Fanney, H., Healy, W. M., 2014. Design challenges of the NIST net zero energy residential test facility. NIST Technical Note, 1(1), 1–73.

Garcia, J., Conchon, E., Pérennou, T., Brunstrom, A., 2007. KauNet: Improving reproducibility for wireless and mobile research. In: Proceedings of the 1st International Workshop on System Evaluation for Mobile Platforms, 11 June 2007 San Juan Puerto Rico. New York: Association for Computing Machinery, 21–26.

Göktürk, E., 2007. A stance on emulation and testbeds, and a survey of network emulators and testbeds. Proceedings of ECMS, 1(1), 13–18.

Guruprasad, S., Ricci, R., Lepreau, J., 2005. Integrated network experimentation using simulation and emulation. In: First International Conference on Testbeds and Research Infrastructures for the DEvelopment of NeTworks and COMmunities, 23–25 February 2005 Trento. New York: IEEE, 204–212.

Hemminger, S., 2005. Network emulation with NetEm. Linux conf au, 18–23 April Canberra. Australia: Linux, 5, 1–9.

Herrscher, D., Rothermel, K., 2002. A dynamic network scenario emulation tool. In: Proceedings of Eleventh International Conference on Computer Communications and Networks, 16–16 October 2002 Miami. New York: IEEE, 262–267.

Ingalls, R. G., 2011. Introduction to simulation. In: Proceedings of the 2011 Winter Simulation Conference (WSC), 11–14 December 2011 Phoenix. New York: IEEE, 1374–1388.

Issariyakul, T., Hossain, E., 2009. Introduction to network simulator 2 (NS2). In: Introduction to Network Simulator NS2. Cham: Springer, 1–18.

Jubair, M., Muniyandi, R., 2016. NS2 simulator to evaluate the effective of nodes number and simulation time on the reactive routing protocols in MANET. International Journal of Applied Engineering Research, 11(23), 11394–11399.

Jurgelionis, A., Laulajainen, J. P., Hirvonen, M., Wang, A. I., 2011. An empirical study of NetEm network emulation functionalities. In: 2011 Proceedings of 20th international conference on computer communications and networks (ICCCN), 31 July–4 August 2011 Lahaina. New York: IEEE, 1–6.

Kincaid, J. P., Hamilton, R., Tarr, R. W., Sangani, H., 2003. Simulation in education and training.

118

In: Applied System Simulation. Cham: Springer, 437–456.

Le, T. D., Anwar, A., Beuran, R., Loke, S. W., 2019. Smart grid co-simulation tools: Review and cybersecurity case study. In: 2019 7th International Conference on Smart Grid (icSmartGrid), 9–11 December 2019 Newcastle. New York: IEEE, 39–45.

Li, Y., Xu, L., 2021. Cybersecurity investments in a two-echelon supply chain with third-party risk propagation. International Journal of Production Research, 59(4), 1216–1238.

Lochin, E., Perennou, T., Dairaine, L., 2012. When should I use network emulation? Annals of Telecommunications – annales des télécommunications, 67(5), 247–255.

Mirkovic, J., Benzel, T. V., Faber, T., Braden, R., Wroclawski, J. T., Schwab, S., 2010. The DETER project: Advancing the science of cyber security experimentation and test. In: 2010 IEEE International Conference on Technologies for Homeland Security (HST), 8–10 November 2010 Waltham. New York: IEEE, 1–7.

Mohapatra, S., Kanungo, P., 2012. Performance analysis of AODV, DSR, OLSR and DSDV routing protocols using NS2 Simulator. Procedia Engineering, 30(1), 69–76.

Murphy, J., Sihler, E., Ebben, M., Wilson, G., 2014. Building a virtual cybersecurity collaborative learning laboratory (VCCLL). In: 2014 World Congress in Computer Science, Conference Proceedings: Computer Engineering and Applied Computing, 21–24 July 2014 Las Vegas. CSREA Press, 1–5.

Ringberg, H., Roughan, M., Rexford, J., 2008. The need for simulation in evaluating anomaly detectors. ACM SIGCOMM Computer Communication Review, 38(1), 55–59.

Rizzo, L., 1997. Dummynet: A simple approach to the evaluation of network protocols. ACM SIGCOMM Computer Communication Review, 27(1), 31–41.

Shuaib, K. A., 2009. A performance evaluation study of WIMAX using Qualnet. Proceedings of the World Congress on Engineering, 1(1), 1–3.

Siraj, S., Gupta, A., Badgujar, R., 2012. Network simulation tools survey. International Journal of Advanced Research in Computer and Communication Engineering, 1(4), 199–206.

Tong, J., Sun, W., Wang, L., 2014. A smart home network simulation testbed for cybersecurity experimentation. In: International Conference on Testbeds and Research Infrastructures, 5–7 May 2014 Guangzhou. Switzerland: Springer, 136–145.

Van der Hoeven, J., 2012. The need for emulation services. PIK-Praxis der Informationsverarbeitung und Kommunikation, 35(4), 235–239.

Van der Hoeven, J., Lohman, B., Verdegem, R., 2007. Emulation for digital preservation in practice: The results. The International Journal of Digital Curation, 2(2), 123–132.

Vanhonacker, W. A., 2003. Evaluation of the FreeBSD dummynet network performance simulation tool on a Pentium 4-based Ethernet Bridge. M CAIA Technical Report 0312, 1(1), 1–8.

Varga, A., Hornig, R., 2008. An overview of the OMNeT++ simulation environment. In: Proceedings of the 1st International Conference on Simulation Tools and Techniques for Communications, Networks and Systems & Workshops, 03–07 March 2008 Marseille. Brussels: ICST (Institute for Computer Sciences, Social-Informatics and Telecommunications Engineering), 1–10.

Weingärtner, E., Schmidt, F., Heer, T., Wehrle, K., 2008. Synchronized network emulation: Matching prototypes with complex simulations. ACM SIGMETRICS Performance Evaluation Review, 36(2), 58–63.

Zarrad, A., Alsmadi, I., 2017. Evaluating network test scenarios for network simulators systems. International Journal of Distributed Sensor Networks, 13(10), 1–17.

第 8 章
网络靶场设计流程

8.1　规划阶段

规划阶段需要对以下内容广泛征求意见并讨论。

（1）建设目的：必须有明确的建设目的，用于进一步指导设计过程。例如，建设网络靶场的目的可以是培训、教育、作战、测试或研究等。

（2）架构：合理预估网络靶场规模、设备类型、必要资源等，确保平台架构一体设计、现实可行。

（3）成本：建设网络靶场的成本十分昂贵，因此，必须进行成本分析，明确经费预算和资金来源。

（4）方法：研究制定最合适的网络靶场建设方法手段，确保建设按计划开展。

Frank 等（2017）将网络靶场设计阶段生命周期描述为 7 个步骤，如图 8.1 所示。

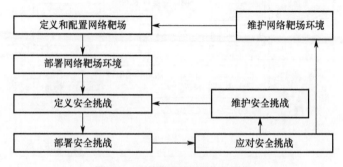

图 8.1　网络靶场设计生命周期

8.1.1 网络靶场支持的安全挑战

当前，多数网络靶场是面向特定事件或特定职能的，因此，需要在规划阶段预先定义好网络靶场的任务。如图 8.2 所示，在网络靶场中最常见的安全挑战类型包括以下几类（Chouliaras 等，2021）。

（1）Web：这类挑战侧重于寻找 Web 应用程序或网站中的漏洞，找到漏洞就能获得组织者隐藏的 flag，有助于学习 Web 安全相关的概念和流程。

（2）密码学：这类挑战侧重于破解基础密码协议或纠正执行错误，成功解密密文即可获得对应的积分并进入下一回合，有助于深入理解密码学相关协议。

（3）取证：这类挑战侧重于挖掘隐藏在网络流量、内存转储或日志文件中的特定信息，常用于应急响应培训。

（4）渗透：这类挑战侧重于发现并利用应用程序中的漏洞，有利于提高网络安全攻防技能水平。

（5）隐写术：这类挑战侧重于寻找隐藏在文件或应用程序中的加密数据，有利于理解隐写技术及其相关概念的重要性。

（6）逆向工程：这类挑战侧重于通过解析二进制文件原理发现隐藏信息，有利于了解逆向工程及其相关的解析技能。

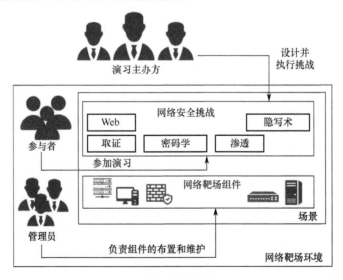

图 8.2 安全挑战程序

8.1.2 网络靶场组件

现代网络靶场采用 VMWare 等虚拟化技术（Nieh 等，2000）、OpenStack 等开源技术（Sefraoui 等，2012）以及 Terraform 技术（Brikman，2019），实现构建场景、复现网络环境等功能。不同网络靶场的组件数量和类型也有所不同，这取决于其规模和功能要求。然而，有一些核心组件在大多数网络靶场架构中是通用的。

（1）计算能力：网络靶场物理服务器需要具备同时开启多个虚拟机的能力，计算节点和网络节点之间的互操作能力为流畅运行场景提供重要基础能力支撑。美国空军的网络和空中联合效应演示项目（Cyber and Air Joint Effects Demonstration，CAAJED）同时建设了网络接口和动能接口（详见 9.2.2 节）。

（2）存储：网络靶场必须具备原始数据的永久存储能力。许多网络靶场使用容器来采集、存储和维护数据集，这些数据包括演习结果、分析报告、日志文件、潜在威胁清单、已有网络攻击等信息。数据集可用于设计新型安全程序，应用于机器学习算法（Xin 等，2018）、证据学习（Maennel，2020）等，或开展其他研究工作。

（3）网络：网络靶场需要提供低延迟、高带宽的互联网络，并支持各种常用的网络通信协议。通常使用路由器、防火墙、交换机、VPN 和 DNS 等网络设备（Priyadarshini，2018）。

（4）自动化管理系统：网络靶场组件必须进行定期审计、更新和维护，避免出现资源浪费、过程记录缺失、完整性校验缺乏等问题（Reynolds，2019）。

（5）备份：对某些组织机构来说，系统架构及其配置信息具有独特性。因此采取备份措施可有效保护网络靶场在遭受外部攻击时导致的数据丢失。例如，实时沉浸式网络模拟环境架构（Real-time Immersive Network Simulation Environment，RINSE）中设置了备份机制（Liljenstam 等，2005）。

8.1.3 定义网络靶场团队

团队的相关定义已经在第 6 章中进行了阐述，本节重点将对网络靶场各个团队的职责分工和技术要求进行具体说明。为确保各团队能够有效执行任务，必须制定技术要求进行约束。不同网络靶场团队的数量和职责也有所不同，其中最常见的有红队、蓝队、白队和绿队，各自的任务和基本要求描述如下。

1）红队

职责：寻找并利用系统脆弱性，达到破坏安全协议、发动网络攻击并损害资产的目的。

技术要求：操作系统（一般首选 Windows 或 Linux）、互联网和服务器、工作站、攻击工具，以及记录 MTTC（平均威胁时间）和 MTTP（平均提权时间）的计时工具（Diogenes 等，2018）和源 IP。

2）蓝队

职责：检测、验证并报告系统脆弱性，制定并实施防御红方攻击的措施方案。

技术要求：操作系统（一般首选 Windows 或 Linux）、互联网和服务器、路由器、HMI、防火墙和 IPAM 服务、DNS、网络服务、文件服务、VPN、漏扫工具、网络流量和包流量的元数据，以及记录 ETTD（检测预估时间）和 ETTR（恢复预估时间）的计时工具（Diogenes 等，2018）。

3）白队

职责：监督并评估红队和蓝队活动，确保规则实施，为参赛团队提供支持。

技术要求：互联网和服务器、工作站、CLI、Web 和脚本界面、评价标准自动化和反馈机制。

4）绿队

职责：为蓝方提供修复和安全补丁服务。

技术要求：互联网和服务器、工作站、IDS、IPS、Web 服务、文件服务、软件许可证、更新、补丁、VPN 和 SCCS（源代码控制系统）。

8.2 架构研究阶段

架构研究阶段需要明确实施策略、设计重点以及开发原型系统等。可以通过设计清晰明确的体系架构图，指导网络靶场各组件的落地实施。体系架构的基本要素包括：

（1）平台。平台支撑网络靶场全部功能的部署和实现，包含所有基础硬件设备（如工作站、网络设备）和计算资源（如内存、存储和算力等）。

（2）编程语言。基于 C++或 Python 语言编程实现通用库、API 和系统功能。选择合适的编程语言有助于原型系统开发。

（3）网络规划。网络拓扑中的基础模块包括 Web 和电子邮件服务器、数据库、防火墙、路由器、网络流量（NTF）发生器等，所有模块通过局域网或 VPN 服务连接。

（4）环境类型。可以选择基于模拟技术、基于仿真技术或两者混合的环境，根据计划确定的环境选择适当的模拟器或仿真器设备进行创建（详见第 7 章）。

（5）接口。用于实现用户和网络靶场之间的通信。网络靶场可以是 GUI 图形化界面或 CLI 命令行界面，现在大多数网络靶场都支持 GUI 功能，以提高用户的友好性。

（6）API。负责管理网络靶场基础设施、分系统、应用程序和微服务之间的通信，如图 8.3 所示。API 可以提供用户认证服务、资源预留服务等，如图 8.4 所示。

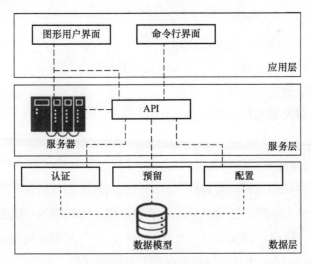

图 8.3　API 工作流程

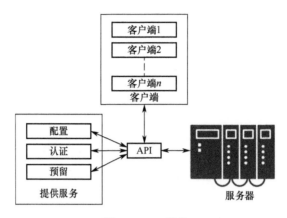

图 8.4　API 服务

8.3　实施阶段

整合调整组件和工具的执行顺序，对于完全实现既定目标来说至关重要。以下描述了一个合理的组件实施顺序：

（1）部署平台和相关组件。

（2）实现各团队的环境。

（3）部署网络拓扑和网络设备。

（4）部署核心服务。

（5）配置网络连接、局域网、VPN 等信息。

（6）部署核心应用程序，如网络和应用服务器。

（7）调配场景构建工具。

（8）配置防火墙和网络策略。

（9）明确用户接口。

（10）使用计量和评估的工具。

为扩大网络靶场规模，可以将其他外部的物理或虚拟组件与网络靶场内的网络拓扑进行整合集成。整合具有内置功能的组件比较容易，因为这类组件适用于基础设施。但当网络靶场规模过于庞大时，实现起来就比较困难。因此，最好采用自动化和 IaC（基础设施即代码）技术来实现。

IaC 是一种大规模体系架构的自动化部署方法，通过可靠的、可重复的管理流程，完成特定系统的执行、变更以及配置等任务。组织机构采用 IaC 技术可实现以下能力（Morris，2016）：

（1）在不需要人为干预的情况下对系统进行定期修改。

（2）允许用户定义、使用、管理所需资源。

（3）简单快速地从故障中恢复。

IaC 技术能够被广泛使用的主要原因如下：

（1）简化了运维人员的工作。利用 IaC 技术可自动处理组件更新和修复等工作，利用这段时间运维人员可以开展场景构建、缓解技术、安全补丁等其他方面研究工作。

（2）检测并及时解决系统不一致问题，防止系统故障停机。

（3）进行定期开发，取代一次性的、有风险的、昂贵的改进方式。

（4）基础设施的自动化操作降低了人员工作量以及优化改进的难度。

（5）在网络靶场中可根据参与人员数量合理扩展环境资源。

（6）IaC 提升了对子系统及其他资源的管理能力，作为独立实体向所有人开放，而不是唯一面向系统的管理员。

Morris（2016）定义了 IaC 技术的本质：

（1）基础设施任意组件的重构必须是简单且能够稳定完成的，无须任何复杂的决策流程，所有必要的详细细节（如版本更新和服务器安装）都包含在交付的脚本和工具中。

（2）使用 IaC 技术进行资源创建、替换、调整、终止等操作会更加容易。因此，在设计阶段就需要考虑基础设施的动态属性，特别是在大规模基于云的环境中，硬件设备的可靠性无法得到保证。

（3）系统和组件的一致性有利于配置信息的迁移。

（4）基础设施内发生的任何变化或操作都是可重复的。相较于手动更改，使用脚本和配置工具的方式效率更高。

（5）设计基础设施是一项极具挑战性的任务，为满足既定目标，在其建成后应该限制大规模的修改操作。如需进行改变，必须以迅速、安全的方式开展，不能对基础设施工作流程产生重大影响。改变对于优化改进流程而言是必要的，剧烈的变化导致基础设施架构、功能发生更迭，难以预估系统实际运行效果。

参考文献

Brikman, Y., 2019. Terraform: Up & Running: Writing Infrastructure as Code. California: O'Reilly Media.

Chouliaras, N., Kittes, G., Kantzavelou, I., Maglaras, L., Pantziou, G., Ferrag, M. A., 2021. Cyber ranges and testbeds for education, training, and research. Applied Sciences, 11(4), 1–23.

Diogenes, Y., Ozkaya, E., 2018. Security posture. In: Cybersecurity??? Attack and Defense Strategies: Infrastructure Security with Red Team and Blue Team Tactics. Birmingham: Packt Publishing Ltd, 6–24.

Frank, M., Leitner, M., Pahi, T., 2017. Design considerations for cyber security testbeds: A case study on a cyber security testbed for education. In: 2017 IEEE 15th Intl Conf on Dependable, Autonomic and Secure Computing, 6–10 November 2017 Orlando. New York, NY: IEEE, 38–46.

Liljenstam, M., Liu, J., Nicol, D., Yuan, Y., Yan, G., Grier, C., 2005. Rinse: The real-time immersive network simulation environment for network security exercises. In: Workshop on Principles of Advanced and Distributed Simulation (PADS'05), 1–3 June 2005 Monterey. New York, NY: IEEE, 119–128.

Maennel, K., 2020. Learning analytics perspective: Evidencing learning from digital datasets in cybersecurity exercises. In: 2020 IEEE European Symposium on Security and Privacy Workshops (EuroS&PW), 7–11 September 2020 Genoa. New York, NY: IEEE, 27–36.

Morris, K., 2016. Challenges and principles. In: Infrastructure as Code: Managing Servers in the Cloud. California: O'Reilly Media, Inc., 3–19.

Nieh, J., Leonard, O. C., 2000. Examining vmware. Dr. Dobb's Journal, 25(8), 70–78.

Priyadarshini, I., 2018. Features and Architecture of the Modern Cyber Range: A Qualitative Analysis and Survey. Newark, NJ: University of Delaware.

Reynolds, C. T., 2019. Cyber Range as a Service® CRaaS [online]. Available from: https://rdp21.org/wp-content/uploads/2020/11/Cyber-Range-as-a-Service-CRaaS-2019.pdf [Accessed 25 May 2021].

Sefraoui, O., Aissaoui, M., Eleuldj, M., 2012. OpenStack: Toward an open-source solution for cloud computing. International Journal of Computer Applications, 55(3), 38–42.

Xin, Y., Kong, L., Liu, Z., Chen, Y., Li, Y., Zhu, H., Gao, M., Hou, H., Wang, C., 2018. Machine learning and deep learning methods for cybersecurity. IEEE Access, 6(1), 35365–35381.

第9章
军事网络靶场

9.1 军事网络靶场需求分析

理解"网络战（Cyberwarfare）"一词的含义非常关键，网络战可以被定义为计算机网络作战（CNO）专有技术的综合应用，破坏敌方网络基础设施，并保护己方网络基础设施免受攻击，通常与心理战、军事欺骗战、电子战（EW）和作战保密等相互提供能力支撑。计算机网络作战包括计算机网络攻击（CNA）、计算机网络防御（CND）和计算机网络渗透（CNE）。其中，计算机网络攻击负责对计算机网络信息进行扰乱、降级、拒绝和破坏等操作；计算机网络防御负责对计算机网络攻击行为或其他任何未经授权的行为进行监控、分析、检测、响应以及提供保护等操作；计算机网络渗透负责从计算机网络基础设施中获取相关情报数据，以支撑情报作战能力。军事部门已经着眼于开发一个能够提供网络战场景整体视图的网络靶场，这当然也包括计算机网络作战。军事网络靶场（MCR）提供计算机网络基础设施的模拟环境，可开展定位系统脆弱性、开发新的安全程序等工作，以提高基础设施的整体安全性。

随着网络战场景的不断变化和发展，美国空军（USAF）越来越重视网络战的力量建设，通过培养经过严格训练的专业化网络战士，不断提升其全球到达、全球力量、全球警戒的能力。为了达到这一目的，需要开发一个专门用于教育和培训军事人员的平台，在信息技术、网络攻击和防御战术以及研制开发新技术等方面提供基础支撑。为此，许多军事网络靶场提供了开展培训和研究工作的模拟环境和工具，以期通过系统化培训，达到丰富作战经验、提高解决问题能力并能熟练掌握使用新工具的目的。

军事网络靶场可开展政府基金项目的研究工作，反过来，通过项目带动也会促进军事网络靶场及其工具能力的进一步发展。在军事网络靶场的模拟环境中，可以对新开发的安全补丁、软件和工具进行测试，也可直观查看网络攻击效果。基于这些信息，可供研究人员开发制定新的安全政策和措施。模拟和仿真环境有助于分析和评估基础设施的安全程序，以应对潜在的网络威胁。

大多数军事网络靶场都侧重于满足以上这些需求或局限于网络安全领域的某一个重点方向。几十年来，美国空军和其他军事部门已经投资建设了多个军事网络靶场项目，以期为军事人员应对新的和不断变化的网络战场环境做好充分准备。一个理想的军事网络靶场应该具备以下能力：

（1）具有即时反馈能力且高精确度的安全模拟环境。

（2）具有支持在网络靶场进行团队攻防对抗试验的平台环境。

（3）具有支撑开展研究和试验的实装设备。

（4）具有基于作战能力的评价数据和指标。

9.2　基于模拟的军事网络靶场

本节将介绍基于模拟的军事网络靶场，包括 SIMTEX、CAAJED、SAST 和 StealthNet，并对其优点、特点进行讨论比较。

9.2.1　SIMTEX

9.2.1.1　简介

SIMTEX 采用美国空军的三层网络设计（Leblanc 等，2011）。通过效仿三层网络架构，可将多个模拟器连接在一起，形成一个"内部网络"（McBride，2007）。经过多年发展，SIMTEX 已经可以通过美军联合网络空间作战靶场（JCOR）的 VPN 服务扩展连接并容纳更广泛的网络设施，以实现常态化、跨军种的演习和培训（Harwell 等，2013）。SIMTEX 使用联合网络空间作战靶场的 VPN 服务，能够与作战司令部和各军兵种的其他网络靶场进行互联。SIMTEX 可以通过域名解析和网址来复现互联网，如 google.com 和 cnn.com。SIMTEX 的基础设施也被用于开展堡垒捍卫者演习（Bulwark Defender），这是由军队和政府联合组织的年度性训练演习（Hernandez，2010）。

9.2.1.2　起源

SIMTEX 项目设计的起源，是为了能够克服代号为"黑色恶魔"演习（Black Demon）的问题短板。"黑色恶魔"演习是在 2002 年由美国空军策划实施的计算机网络防御演习，目的是通过制定战略规划，验证并加强大规模军事作战基础设施遭到网络攻击时的防御能力，同时在网络安全方面，培训了首批 10 名网络战士。然而，它仍然有很多不足之处，例如：

（1）模拟环境的重置需要消耗大量时间。

（2）无法真实识别红队行动的网络流量。

（3）不能固化组件的配置信息。

（4）演习的互联接入采用 VPN 技术，且限制在 56k。

在"黑色恶魔"演习完成后，事后评估（AAR）建议需要设计并开发一些固化的模拟环境，要求如下：

（1）可用于培训网络作战团队的安全环境。

（2）团队可以在网络靶场内进行演习训练并提高他们的技能，建立现代化的防御策略以应对网络攻击。

根据事后评估的这些改进要求，SIMTEX 在 2003 年被开发出来，并首次用于美国空军的季度性网络作战训练演习，演习的目的是使用开发新的防御软件对美国空军进行网络作战业务训练。

9.2.1.3　架构

SIMTEX 最初的模型与它的网络核心一致。经过多年发展演进，其架构也经历了许多变化和创新。目前，SIMTEX 使用 SLAM-R 组件来构建虚拟训练环境或模拟器（Harwell 等，2013），也可用于扩展课堂练习、开展团队竞赛、开发工具以及任务演练。

SIMTEX 使用 Myrmidon 模块作为自动化攻击引擎，如图 9.1 所示，负责执行真实的网络攻击模拟。该模块针对基础设施的各个组件创建不同的攻击事件，这些事件共同构成一组攻击场景。攻击事件可以导致组件故障、系统漏洞被利用等问题，最终影响美国空军的作战能力。

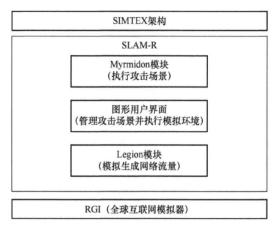

图 9.1　SIMTEX 的主要组件

SIMTEX 开发了图形用户界面（GUI），用于管理不同攻击方案的创建和执行。攻击事件被写入一个 XML 文件中，然后攻击引擎运行配置，自动生成每个攻击事件的独特属性，如攻击持续时间、攻击源和攻击目标等。通过配置 GUI 的执行模块，可以监测模拟攻击事件的发生过程以及相关信息变化情况，攻击创建和传播的所有信息都会通过控制台窗口传送给演习导演。

SIMTEX 的网络流量生成模块也称为 Legion 模块，负责创建美国空军网络环境中的实际网络流量模式。在模拟环境中复现真实的流量，可有效隐蔽红队的攻击活动。可以采用各种设备产生网络流量，如路由器、服务器和工作站等。Legion 模块还负责创建网络流量代理（NTA）和网络流量场景（NTS）。网络流量代理包含一个或多个网络流量模式，如图 9.2 所示。网络流量场景是由创建的网络流量代理和虚拟机组成，如图 9.3 所示。

图 9.2　网络流量代理和网络流量模式

132

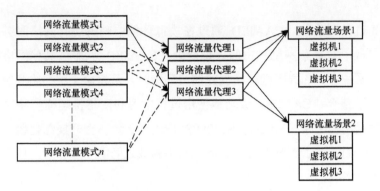

图 9.3 网络流量场景 NTS 及其组件

SIMTEX 模拟器使用 RGI 组件（全球互联网模拟器）实现了真实互联网的模拟能力，也可用于构建独立于公共空间的安全可控的训练场景。RGI 是完全虚拟化的，在需要的情况下使用开源实用程序，并使用了全球互联网的真实 IP 地址。

9.2.1.4 发展演化

SIMTEX 通过 JCOR VPN 实现了更广泛的网络连接，使网络靶场能够与其他模拟器进行互联操作。自运行以来，SIMTEX 经历了多次重大的技术改进以实现其目前的架构。这些进步源于在演习期间暴露出的各种缺点，主要如下：

（1）缺少真实的网络流量。

（2）开展计算机网络攻击（CNA）行动需要将整个网络靶场进行互联，代价将是非常昂贵的。

（3）场景的重建需要快速和按需开发。

（4）训练的真实性是有限的。

通过克服改进这些缺点不足，SIMTEX 已经发展成为一个可互连互操作的复杂网络环境，其架构仍然是由物理和虚拟复现的网络组件组成的开放系统。SIMTEX 的缺点和经验教训在设计新的军事网络靶场时也是非常有借鉴意义的。

9.2.2 CAAJED

9.2.2.1 简介

网络和空中联合效应演示（CAAJED）是美国空军资助的一个项目，聚焦于研究先进的网络战。CAAJED 通过在模拟环境中映射所有网络服务和可用资产，实现了对复杂网络攻击的模拟能力。CAAJED 克服了其他网络靶场只关注信息系统本身的局限性，在创建演习环境时，从概念上将网络和空中相关资产进行了整合。CAAJED 成功地使用过程学习和网络推理模型将网络行动与空战模拟结合起来（Mudge 等，2008），适合于新军官开展深化研究和实践训练，让他们能够了解掌握动能领域和网络领域之间的互操作性，以及彼此之间相互作用影响。

9.2.2.2 起源

CAAJED 最初在 2006 年被用来演示验证动能和网络相互作用效果，并为学习研究共享网络和动能原理提供平台。以前的网络演习主要侧重于对网络系统的攻击，因此范围有限且没有推理过程（Mudge 等，2008）。自 2007 年之后，该项目逐步将视野拓展至如何应对更加先进的网络战。

根据美国空军科学咨询委员会（SAB）2007 年度报告，网络战的三个战斗级别定义如下：

（1）第一个层级，仅限于系统管理员之间的对抗，也称为网络对抗（Network war）。系统渗透利用、恶意逻辑和 IT 脆弱性都被归入这一层级。

（2）第二层级是针对动能组件的网络攻击事件，如使雷达站失效，这一层级的攻击旨在通过计算机网络攻击或网络事件，使动能组件失效。

（3）与前两个层级相比，第三个层级更加重要，精心策划并造成大规模网络破坏的计算机网络攻击行动被归入这一层级，这种恶意的计算机网络攻击行动会设法让受害者无法察觉网络相关故障。

根据美国空军科学资源委员会的报告，CAAJED 已经将处理第三层级威胁和计算机网络攻击活动的相关场景纳入其中。在首次发布后，其能力范围已扩大到可开展网络战的培训和研究任务，通过不断加强计算机网络防御能力的训练，以了解掌握现实发生的网络战真实情况。做好应对第三层级网络攻击的相关准备，可以大大改善防御战术策略，并提高整个团队的响应能力。

9.2.2.3 架构

如图 9.4 所示，CAAJED 的架构主要由网络/动能推理模型（CKIM）实现，包含现代空军（MAP）和网络作战培训企业级模拟（SECOT）两个重要组件，它们负责网络战争和动能战争的输入，以及这些输入之间相互影响关系的模型。

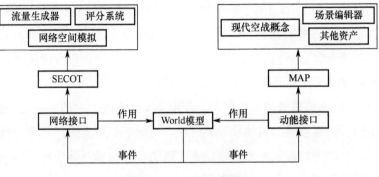

图 9.4　CAAJED 架构

CKIM 是一种技术模型，用于将一个领域的事件转化为对另一个领域的作用效果。它包括三个方面：动能领域、网络领域和能力。动能领域包括所有通过进程管理的物理资产，这些进程构成了网络领域，能力是物理资产与管理它们的进程之间相互作用关系。图 9.5 阐述了网络/功能推理模型 CKIM 模型三个方面的协作关系。

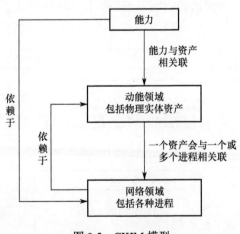

图 9.5　CKIM 模型

请考虑以下这个例子。假设与飞机加油有关的能力，是由控制它的程序启用的。对于这种能力，可能会产生一个依赖于程序的清单。飞机加油可以与一些后勤和计划程序相关联，这些程序将再次取决于动能资产，如目的地、人员或地形。

MAP 可以定义为一个即时、不间断的战争策略游戏，游戏中包含飞行级别的控制单元，由 John Tiller 制作发行。MAP 负责实现 CAAJED 架构中的动能接口，它包含与空战有关的概念、场景编辑器以及其他动能资产。其中，与空战有关的概念包括飞机加油、导弹控制、雷达控制防御以及卫星等；场景编辑器负责创建各种模拟场景及其他定制化场景。

MAP 中的通信传输是通过网络连接中 XML 文件达成的。MAP 的资产包括指挥节点、空军基地、雷达和导弹阵地、飞机等。所有资产都有一些与之相关的能力，对能力的控制是通过接口来实现的。像空军基地这样的 MAP 资产可以拥有雷达覆盖、发射飞行器等这样的能力。MAP 还提供了三种类型的接口，即人与人之间、人与计算机之间以及计算机与计算机之间。

SECOT 负责在评分系统和流量发生器的帮助下托管所有与网络有关的组件，有能力模拟完整的企业级网络。如图 9.6 所示，SECOT 框架包括移动代理、中间件和睡眠语言。移动代理是用来封装进程的，它遵循"一次执行"的特性，即使在完成任务并迁移到其他地方后，代理的状态仍然保持不变。它可以在其状态不发生任何变化的情况下重新执行。中间件负责保护"一次执行"的语义。

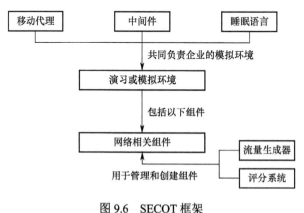

图 9.6　SECOT 框架

在演习结束后，移动代理迁移并与事件脱离，可能会导致带外网络故障。中间件会采用多种技术防止这种故障的发生。睡眠语言负责 SECOT 的实现，睡眠函数能够将代码、变量和执行状态存储到不同的延续对象中。为了实现字符的移动，应当遵循所有对象的串行化机制。

CAAJED 的 World 模型是 CKIM 的软件实现，如图 9.4 所示，该软件同时接收 MAP 事件和 SECOT 事件。MAP 使用网络插口与 World 模型相连。MAP 通过模拟提供所有的报告，基于这些报告，World 模型能够追踪到每一个物理资产中的所有漏洞。SECOT 提供在事件中产生的状态数据，所有工作流程效果都由 SECOT 使用 XML 消息传达给 World 模型。

9.2.2.4　发展演化

在融入了更复杂的模型来处理更先进的网络战争后，CAAJED 可以在模拟环境中轻松地执行第二层级和第三层级的网络攻击任务。可以使用 SECOT 代理，通过分析程序执行结果来获取积分。团队在攻击敌方的网络基础设施时，能够在环境中实现持久、隐蔽、稳定的通信传输。在 2007 年进行的网络防御演习中，通过测试验证，CAAJED 的架构和工具能够胜任更高层级的网络战争攻击。

学员们能够在 10 个星期的规定时间内组建团队并做好准备工作。通过提供 SECOT 功能及其代理的源代码，使得学员们能够更专注于演习本身，而不用过渡关注评分系统。CAAJED 通过创建一个适当规模的网络战模拟环境，让学员有机会对网络攻击目标以及效果等进行推理论证。CAAJED 模拟环境中涉及的相关概念也可应用于其他演习中。

9.2.3　SAST

9.2.3.1　简介

安全评估仿真工具包 SAST 旨在为美国空军从事计算机网络作战的工作人员提供专业化培训（Wabiszewski 等，2009）。它由太平洋西北国家实验室（PNNL）开发，可模拟大多数美国国防部机构的网络装备设备。SAST 遵循的理念是提供一个单一的模拟工具，就能够对网络安全的多个方向提供支撑，例如可用于开展演习、培训、工具测试和评估等工作，也进一步促进了 IA（信息安全保障）和 IO（信息战）等概念的研究发展。SAST 具备集成软件设计能力，以适应所有的应用程序，其组件可以根据要求单独或全部投入使用。SAST 可以作为一个培训工具来使用，向安全人员灌输网络安全相关概念，在培训时通过赋予相应的操作权限，允许用户创建、共享和管理虚拟化的网络环境，并进行独立测试（Meitzler 等，2009）。

9.2.3.2 起源

SAST 项目最早在 21 世纪初就创建了国家基础设施的模拟环境。随着人们网络安全意识的不断提高以及对网络安全领域的愈发关注，该项目就被应用于提供网络安全培训服务。因此，SAST 的早期目标是在有限的时间框架内开发与网络安全相关的模拟平台，且仅限于开展系统管理员级别的安全培训，随着时间的推移，它不断发展壮大，可容纳更广泛的人员开展培训和演习活动。在项目开发的两年后，它被分发给军队和学术界进行试用及效果反馈。

随后，SAST 的培训目标转向了缺乏网络安全经验的新手，也开始专注于提供不同应用程序之间的互操作能力，以节省成本并尽量降低复杂程度。SAST 项目还需要满足国防部和其他政府机构对保护其信息基础设施的需求，这些信息基础设施负责保证武器系统的指挥控制和后勤保障顺利执行。

为了适应不断增长的需求，SAST 项目将目标设定为建立一个包含所有模拟工具的综合套件，通过在平台中搭建模拟环境，处理解决基础设施中存在的脆弱性因素，例如：

（1）基础设施面临复杂和隐蔽的网络攻击越来越频繁。

（2）网络威胁快速变化和发展。

（3）缺少充足且合格的网络安全工作人员。

（4）由于能力不足，无法合理评估安全性能。

（5）在维护和改善安全基础设施并修复系统故障时，面临巨大的成本削减压力。

9.2.3.3 架构

虽然 SAST 平台经历了许多改变，以适应各种目标要求，但其所有组件可以归纳为以下几类（如图 9.7 所示）。

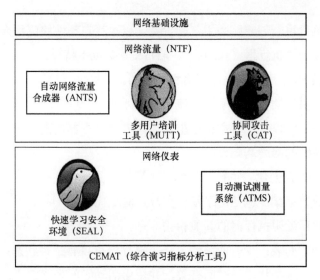

图 9.7　SAST 架构组件

1）网络基础设施

基础设施的所有物理和虚拟设备都归属于这一类别。路由器、工作站、交换机、操作系统、路由表、设备互连等组件，既可以以物理形式存在，也可以以虚拟化形式存在。并非所有组件都是执行演习活动所必需的，而是要根据其目的要求来使用。网络基础设施的目的是在创建演习环境时提供最大的灵活性，并在处理操作时提供用户的自主权。SAST 还为支撑训练演习的环境配置提供指导帮助。网络基础设施是 SAST 运行的基础保证，因此环境必须具备可扩展性和准确性。

2）NTF（网络流量）

所有负责网络基础设施组件之间相互通信的组件及其行为都被归入这一类别。网络流量要么是设备自身产生的，要么是用户产生的。设备产生的流量是源自于活动，如记录、自动备份、更新、系统补丁等。用户产生的流量是授权行为和非授权行为的结果，授权行为包括网上冲浪、电子邮件和文件传输等，非授权行为包括蠕虫、恶意软件、数据渗出或未经授权的电子邮件和文件传输等。NTF 功能是由 SAST 平台通过 ANTS（自动网络流量合成器），与 MUTT（多用户培训工具）和 CAT（协同攻击工具）等共同作为插件模块提供的。

ANTS 负责重新创建网络用户和设备，以执行自动网络流程合成功能。这种实现方式称为"执行器（actors）"。ANTS 具备以下特点：

（1）提供 16 个引擎来执行网络相关活动。

（2）支持引擎插件，用于提供流量合成能力。

（3）ANTS 可以在一台主机中重新创建多个执行器，能够使用较少的硬件设备来模拟庞大的网络基础设施。

一个由 ANTS 创建的执行器具备三个属性，具体描述如下。

（1）参数数据集：包括电子邮件账户、MAC 地址、认证许可、IP 地址等内容，以及解释说明执行器的其他相关信息。

（2）活动时间表：受时间限制，一个执行器可以有三种状态：启动时、工作时和休息时。这些状态与时间有关，并使用活动时间表来定义。换句话说，它定义了任务发生的可能性，及其开始时间和结束时间。

（3）任务计划：详细说明了在某些活动期间或之前之后发生的所有事件和它们的速率。任务计划包括下载和上传文件、电子邮件传输、网上冲浪或其他一些 ANTS 活动。

在演习期间，MUTT 提供可接受的网络流量活动，包括模拟真实的网络基础设施及其相关用户和行为，即使是特定场景的时间框架和时间表也可以用 MUTT 进行模拟。MUTT 具备以下功能：

（1）从网络内的一个或多个系统中自动生成网络流量。

（2）允许执行真实的活动，如网上冲浪和电子邮件传输。

（3）展示真实的行为，如任务计划、数据库和用户活动。

（4）MUTT 主机能够单独模拟多达 200 个用户，每个用户都有一些特定的配置文件和唯一的 IP 地址及 MAC 地址。

在演习期间，CAT 负责提供恶意的或不成功的网络流量活动。CAT 具备在网络基础设施中直接进行恶意攻击的能力，这些恶意攻击可能会导致设备故障或用户权限错误。CAT 具备以下功能：

（1）将大部分攻击过程自动化，并允许操作人员根据自己的需求进行干预。

（2）模拟现实中的攻击向量，对基础设施进行恶意攻击。

（3）构建逼真的网络攻击效果，如造成系统故障、使用火力掩护和烟幕干扰进行侦查等。

（4）具备从内部和外部开展网络攻击的能力。

（5）为演习提供实时的、增强的红队能力。

3）网络仪表

网络仪表包括两个组件：SEAL（快速学习安全环境），依托管理系统负责网络靶场的管理功能；ATMS（自动测试测量系统），依托监控系统负责网络靶场演习的监控功能。

SEAL 的具体功能如下：

（1）区分网络靶场的访问使用权限，为科研、训练和战争游戏提供多个独立的环境。

（2）将网络靶场资源控制权重新动态分配给其他授权用户。

（3）通过 SEAL 远程访问网络靶场。

（4）为用户提供关于网络攻击的多维视角。

（5）允许用户查看、访问和控制网络靶场资源，并根据需求创建模拟环境。

ATMS 负责为操作人员提供不间断的状态检测能力，并在模拟环境中采集相关数据指标进行分析。ATMS 的具体功能如下：

（1）为用户提供引入、检测和记录网络跟踪数据包所需的工具，数据包中包含各种类型的数据，用于即时的网络流量分析。

（2）解析经授权的网络流量和未经授权的网络流量，以确定安全状态和有效性。

（3）向 CEMAT（综合演习指标分析工具）提供所有关于网络流量的分析和报告。

4）CEMAT

CEMAT 提供跟踪和测量安全性能的能力。SAST 组件使用接口与 CEMAT 传输交换监测的网络流量报告。CEMAT 根据所提供的报告，分析发现基础设施的安全缺陷。

9.2.3.4　发展演化

SAST 从最初只是为了满足系统管理员和国家基础设施的需求，到现在已经发展成为一个独立的测试平台，可为不同的活动提供相互隔离的环境。在过去 10 年中，它充分融合多个目标，并不断扩大自己的能力。2010 年，SAST 发布了 3.2.1 版本，可通过直接下载或光盘的方式获得。

9.2.4　StealthNet

9.2.4.1　简介

StealthNet 是一个基于 LVC（真实、虚拟、构造）框架构建的网络靶场，由美国国防部 TRMC（试验资源管理中心）资助建立并服务于美国陆军，为测试和评估网络作战和培训相关活动提供即时的模拟环境。它最初被用来展示 DoS（拒绝服务）攻击的影响以及网络战争对军事设施产生的干扰破坏，目前能够实现军事装备网络架构的模拟，如战术电台的网络软件和网络硬件、网络接口以及物理网络设备的模拟，如路由器、防火墙。该网络靶场还包括 LVC 要素。如 Snort，一种轻量级的入侵检测系统（Roesch，1999），它应用 LVC 技术创建网络系统的模拟环境，并进行即时的网络威胁分析。基于 LVC 框架构建的 StealthNet 网络靶场允许将其测试评估环境迁移到其他类似项目中进行使用。

9.2.4.2　起源

该项目于 2010 年启动，经过三年建设完成（Varshney 等，2011），其使命任务是通过准确描述信息作战和任何潜在的网络威胁，分析其对军事网络基础设施产生的破坏影响。由于大多数模拟环境都用于开展计算机网络攻击活动，且不考虑协同威胁、窃听等被动网络威胁攻击方式，也仅限于对物理装备进行网络威胁分析。因此，StealthNet 的主要目标之一是使用 LVC 框架对现有和潜在的网络威胁影响进行详细分析。

对网络威胁的有限考虑，对模拟这种可能的计算机网络攻击活动产生了局限性，即使网络靶场是可扩展的和错综复杂的，这种情况将会在潜在威胁变为现实攻击时才会意识到。许多模拟环境也缺少对可能的网络威胁进行场景构建的范例，因为用于建模大规模物理攻击的工具是非常昂贵的，如虫洞攻击、无线网络干扰攻击等。工具的缺失将制约对模拟基础设施的网络弹性和脆弱性测试。StealthNet 将这些制约和局限性充分考虑在内，并不断拓展其目标任务。

像智能手机这样端到端的通信设备同样会遭遇到各种各样的网络威胁，在军队中更是如此。网络攻击将针对战略行动、有线/无线网络设备中发现的任何脆弱性。无线网络更容易遭遇窃听、DDoS 攻击以及入侵等威胁，有线网络更容易受到服务中断、资源限制的影响，这是信息泄露的主要原因。因此，网络靶场也需要考虑通信方式所采用的最新技术以及其所带来的网络攻击和威胁。

9.2.4.3　架构

StealthNet 是一个 LVC（图 9.8）环境，可以分析网络攻击和威胁对实际网络系统造成的影响。

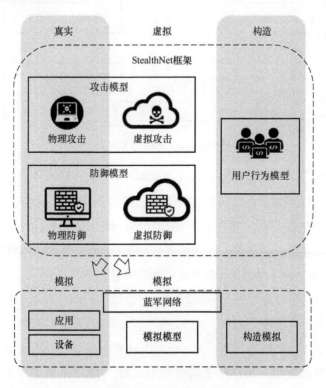

图 9.8　LVC 环境

143

LVC 环境提供了评估威胁作用效果的工具。例如，环境中使用硬件设备、应用软件、模拟模型实现 BNF（蓝军网络）的模拟，并通过破坏带宽或干扰服务指标的方式对 BNF 通信进行扰乱攻击。LVC 能够模拟网络系统，并对新型安全工具的可行性开展测试和评估，它将用户行为模型、物理攻击/防御模型、虚拟攻击/防御模型融为一体，并对模拟的网络基础设施发起网络攻击，监测其在网络威胁和攻击条件下的状态表现，是一个既安全又经济的测试环境。

StealthNet 框架包括三个主要组件，如图 9.9 所示，所有组件各负其责，共同保障任务的顺利执行。

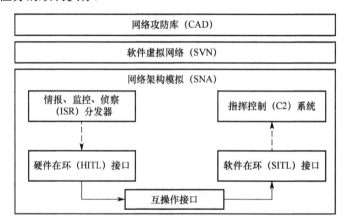

图 9.9　StealthNet 框架组件

（1）SNA（网络架构模拟）包含不同种类的接口以及 LVC 元素，如 C2 指挥控制系统和网络硬件等。有三种不同的接口，分别是 HITL（硬件在环）接口、SITL（软件在环）接口和互操作接口。网络硬件包括 ISR（情报、监视、侦查）分发器、防火墙、路由器等。LVC 元素包括 Snort、C2 系统、ID 和 IPS 系统等。网络攻击是针对 SNA 内的网络发起的，这些攻击的目的是找到漏洞并加以利用。通过研究分析网络攻击造成的影响，有助于加强整个网络基础设施的安全性建设。

（2）SVN（软件虚拟网络）是 StealthNet 框架的核心，负责以最大的逼真度模拟通信基础设施，允许部署网络应用，如 NTF、语音通信、视频流、网络会议等。SVN 技术具有以下优势：

① 提供高效的计算能力、更高的逼真度、可扩展的环境，以执行各种网络相关的操作。

② 物理工具可以与虚拟网络和其他 NTF 应用连接，如语音和视频通信、传感器反馈等。

③ 实时模拟网络状态，如 NTF 路由到特定地址的损耗和延迟等。

④ 支持第三方网络管理和分析工具。

⑤ 将物理应用与网络战通信相结合，评估计算机网络攻击对主动式系统的影响。

（3）StealthNet 框架还包括能够模拟 LVC 网络系统的 CAD（网络攻防）库，该库在 LVC 形态下运行。该库中含有能够准确模拟网络威胁的模型，如 DoS 攻击、信道扫描攻击、无线电干扰以及防火墙等，这些威胁可以是主动式的、被动式的、协同式的或自适应的。

DoS 模型支持基本攻击、TCP 攻击、IP 分片攻击。信道扫描模型支持开发信息采集算法的框架和 API。无线电干扰模型支持宽频、扫频和自定义干扰。防火墙是一个无状态的软件程序，用于检查所有网络数据包，并确定是否允许数据包通过或拒绝其访问。

9.2.4.4　发展演化

StealthNet 的发展分为三个阶段。到 2011 年第一阶段完成时，它能够为有线和无线设备提供战术网络接口。第三阶段的建设侧重于开发实装战术无线电接口。随着开发阶段的不断深入，该网络靶场的可扩展性也在不断增强。在第一阶段完成后，网络靶场可扩展到 1000 个网络节点，并提供实时的 NTF 能力，随后可以在模拟环境中同时使用真实和模拟的攻击工具。现在，StealthNet 的发展已经能够满足当初设定的目标，即一个可用于确认网络基础设施健壮性的训练环境。

9.2.5　基于模拟的军事网络靶场比较

本节将对上述军事网络靶场的所有优点（表 9.1）和特点（表 9.2）进行总结。

表 9.1　基于模拟的军事网络靶场优点

SIMTEX	CAAJED	SAST	StealthNet
• 为网络安全防御、应对现实世界网络威胁以及网络指挥控制流程培训提供了实践经验 • 可以容纳大量的参与者 • 自动化的网络攻击训练设备能够保证在 10min 内重新启动 • 拥有一个内部网络模拟器 • 通过域名解析和模拟网址实现真实互联网的模拟能力，如 Google、CNN	• 可对网络领域和动能领域之间的相互作用关系开展研究 • 演示验证两个领域的协同效应，动能领域包括物理资产，网络领域包括控制这些资产的进程 • 提高了训练能力并开发了 TTP（战术、技术和程序） • 复现了真实世界的场景，具有高逼真度、教员支持、程序化性能测量和回放功能等特点	• 便于安装调试及操作 • 可以容纳大量的参与者 • 融合了 IA（信息安全保障）和 IO（信息战）等概念 • 提供了多平台之间的互操作性 • 对基础设施的安全性能进行全面分析	• 可对以网络为中心的系统和战术网络受到网络威胁影响情况开展测试评估 • 侧重于展示 DDoS 攻击和干扰攻击产生的影响 • 真实的设备可以连接到虚拟网络中，真实的传感器信号也可以通过虚拟网络发送出去 • 预留有与军方其他 LVC 模拟环境的接口

表 9.2　基于模拟的军事网络靶场特点

SIMTEX	CAAJED	SAST	StealthNet
• 支持分布式的多点训练环境（连接至 SIMTEX 网络） • 提供基于真实主机和网络攻击的远程培训网络 • 使用 JCOR VPN 与其他模拟环境进行互联操作 • 其架构仍然是由物理网络组件和虚拟复现的网络组件组成的开放系统	• 通过演习可培训人员对抗更层级的网络/空中战争 • 融合了动能领域和网络领域之间互操作的概念 • 可以让学员有机会对网络攻击目标以及效果等进行推理论证 • 其架构包括网络战争和动能战争的输入，以及这些输入之间相互影响关系的模型	• 用户可完全独立使用各种工具 • 是一个可扩展的、多用户的平台 • 当需要时，可以在任何地点登录访问网络靶场 • 为每项活动提供相互隔离的环境，如软件测试、战争游戏或演习等 • 提供灵活的管理和监测系统 • 为演习提供实时的、增强的红队能力	• 提供一个用于建模和评估现有和潜在的网络威胁影响框架 • 提供 CAD 库，能够模拟基于 LVC 的网络系统 • 使用 SVN 技术来准确模拟通信设备 • 是开展网络防御测试和评估的理想框架

9.3 基于仿真的军事网络靶场

本节将介绍基于仿真的军事网络靶场，包括 NCR、JIOR 和 DoD CSR，并对其优点、特点进行讨论比较。

9.3.1 NCR

9.3.1.1 简介

NCR（美国国家网络空间靶场）通过仿真错综复杂的商业网络和国防网络，支撑其开发制定安全防御策略。它是开展网络安全测试的理想平台，通过在项目开发整个生命周期阶段创建专门的环境，对其网络弹性进行评估（Ferguson 等，2014）。NCR 能够以独立模式运行或与 JIOR（美军联合信息作战靶场）互联运行，开展即时的网络设计、重新配置、网络扩容以及消杀清理等工作。端到端的工具集可以将开发部署高逼真度测试平台的大部分过程自动化。该靶场也可用于创建测试环境，开展网络安全领域的研究，并具备开展拥有众多节点链接、影响要素和处理变量的重要试验任务的能力（Haglich 等，2011）。可对原型系统开展研究和评估，并进行设计验证和测试（Pridmore 等，2010）。

在 NCR 中，任何测试环境的创建和执行都遵循测试生命周期原则（Urias 等，2018）。它由多个阶段组成，如图 9.10 所示。

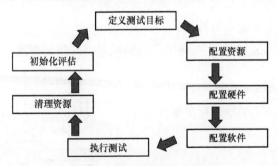

图 9.10　测试环境生命周期

首先使用规范化测试工具来定义测试目标和特征。然后，从给定的资源池中选择所需的资源来设计测试环境，使用网络靶场配置工具对硬件资产正确配置，所需的软件则通过配置工具实现自动化配置。而后，使用工具开始执行测试环境，这些工具用于采集数据，以便事后分析。最后，使用消杀清理工具将硬件和软件资源回收到资源池中，以便在其他测试环境中重新使用。生命周期过程是深入分析事件的高级通用方法（Urias 等，2018）。

9.3.1.2　起源

NCR 最初由 DARPA（美国国防部高级研究计划局）在 2009 年开发。自建立以来，NCR 就被定位为开展网络空间测试的军事网络靶场，目标是为独立开展测试评估提供安全可控的环境，最终形成创新型的网络战能力。

第一阶段的 NCR 开发工作主要聚焦于以下几个方面：

（1）完善概念的初步设计。

（2）开发作战模型。

（3）形成一套综合性的系统范例和工程规划。

其他后续阶段的重点是开发一个网络靶场原型系统，以满足以下要求：

（1）提供机密和非机密性质的研究环境，以验证各种安全产品和假设是否能准确应对潜在的威胁，进而形成新的能力。

（2）提供一个包括已有的和新开发的仿真功能库。

（3）提供复杂而详尽的基础设施仿真环境，可以从本地直接进行操作。

（4）将 LVC 资产融入其中。

（5）在不同的安全级别上同时进行多种操作。

（6）提供一个全面的资源库。

NCR 的开发彻底改变了面向更广泛领域的网络测试方法。

9.3.1.3　架构

NCR 架构的核心独立组件图 9.11 所示。

安全设施

操作程序和网络结构

1）安全设施

安全设施是建立网络靶场的可靠基础，包括机房、支持中心、作战中心和数据中心。该设施包括可重新配置的测试套件以

软件测试工具包

网络测试团队

图 9.11　NCR 架构组件

及会议室和测试室。数据中心用于存储各种资源。安全办公室负责文件存储和安全操作。安全设施需满足以下功能要求：

（1）具备无线测试装置。

（2）支持在场地内多个独立事件的同时执行。

（3）通过 JIOR 进行远程访问。

（4）支持移动计算。

2）操作程序和网络结构

网络靶场基础设施是一个资源联合体，按照测试规范，使用工具定义其端到端的特性。该组件负责资源的自动分配和工具的配置，监控和评估测试过程中采集到的数据。在完成测试后，早期分配的资源将回收到资源池供以后使用。

3）软件测试工具包

软件测试工具包帮助研究人员规划制定测试的具体内容，并创建专门的测试环境供人员训练。测试的具体内容通过分析数据、传感器、可视化和 NTF 生成工具实现。建立并验证测试平台需要事件执行语言和测试管理验证控制。图 9.12 中还介绍了工具包中的其他工具集。

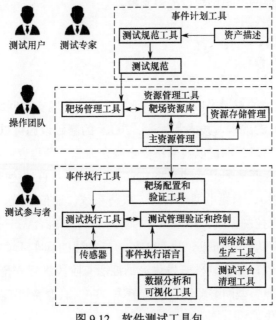

图 9.12　软件测试工具包

4）网络测试团队

网络测试团队提供以下服务：

（1）完整的测试过程支持。

（2）定制化的数据分析。

（3）为设计和执行阶段开发威胁向量和 NTF 生成工具。

（4）测试平台设计支持。

（5）整合各种资源，如无线/有线组件、硬件/软件和远程蓝/红团队支持。

（6）训练、演习的专业知识和技术。

9.3.1.4　发展演化

2012 年之后，NCR 靶场交由美国国防部测试资源管理中心管理。自成立到如今，NCR 已经发展到可支持多数的网络安全相关活动，如测试、系统和目标仿真、取证和架构分析、任务演练等。NCR 团队与用户一起定义测试要求，并提供经过验证的网络靶场环境，可在任务结束时对资源进行消杀清理以及回收。除了制定规划外，用户可以只专注于执行所创建的测试任务，并分析所采集的数据和生成的事件报告。到 2014 年，NCR 已被用于开展各种网络旗帜演习，并对其他网络靶场建设提供支持。

9.3.2　JIOR

9.3.2.1　简介

JIOR（美军联合信息作战靶场）可以说是一个现实的网络装备，用于演练 IO（信息战）的战术、技术和程序。JIOR 的基础设施可以支持 CNO（计算机网络作战）演习、测试以及网络安全概念训练。参与者可以通过加密隧道在多个站点上联合开展演习活动，将 CNO 实验室、NTF 发生器、计算基础设施、EW（电子战）、无线电通信装备、威胁系统、通信系统、红队、SCADA（数据采集与监视控制系统）以及其他模拟系统连接融合在一起，创建数量众多的逼真装设备环境（Prinetto 等，2018）。在构建的真实环境中，参与者能够及早地发现脆弱性，并在软件开发生命周期所有阶段进行安全测试。JIOR 是一个独特的"实弹"型网络靶场，支持美军 JTF（联合特遣部队）开展信息战和网络战相关工作。

9.3.2.2　起源

JIOR 由 JFCOM（美军联合参谋部）开发。JFCOM 在设计研制过程中，将工作重点放在信息技术的试验和开发以及信息技术工具的集成和互操作性上，设计形成符合军事标准规范的通用技术架构（Luddy，2005）。JIOR 通过复现真实的装设备环境，对学员开展战术、技术和程序方面的训练。在对军事人员开展计算机网络作战训练时，利用 JIOR 环境支撑，可以测试学员在遭受攻击时的作战效能影响和生存能力。JIOR 提供了高标准、低密度的试验训练资源访问接口，包括与网络有关的目标、关键基础设施和 NTF 等。

9.3.2.3　架构

如图 9.13 所示，JIOR 网络靶场的架构可以支持开展不同分类级别的独立活动。系统和网络靶场之间通过综合布线控制连接实现，端口和 Type-3 VPN 隧道有一对一关系。该靶场是一个闭环网络环境，并基于不同保密等级提供多重安全保障服务，用于开展各种网络演习或其他活动，如团队试验、训练以及网络战和信息战领域的测试等。该靶场采用分布式的网络架构，可以与超过 145 个站点连接，通过与主服务节点互联互通，共同开展演习活动。JIOR 是一个独特的"实弹"型网络靶场，支持美军联合特遣部队达成与网络战相关的目标任务。截止到 2014 年，JIOR 可以支持多达 90 个网络节点以及 60 多个活动。

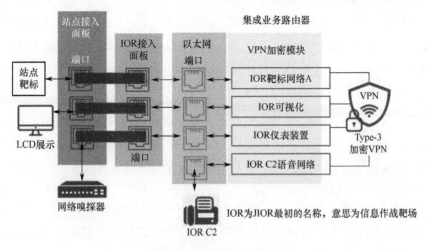

图 9.13　JIOR 业务活动

9.3.2.4 发展演化

JIOR 是一个政府资助开发的项目。到 2016 年底，通过将其他试验机构的 LVC 框架技术、作战任务和威胁展现等综合集成到 JIOR 环境中，进一步加强了对信息战和其他网络相关活动的技术支撑能力。2017 年，该靶场为超过 6000 名军事人员提供了训练和认证服务。

JIOR 还支持对网络相关的脆弱性进行评估。到 2018 年，该靶场已具备了评估能力，并通过部署网络自动化工具，实现更好的管理。近些年来，JIOR 不断进行现代化改造，靶场环境重构和配置网络设备的时间大幅缩减，即时、按需配置网络靶场的响应时间也得到了改善，有能力更加灵活地支持新资源开发和网络安全评估工作。

9.3.3 DoD CSR

9.3.3.1 简介

DoD CSR（美国国防部网络安全靶场）自 2009 年以来一直由美国海军陆战队管理和运营。该靶场通过复现 GIG（全球信息栅格）、IA（信息保障）、CND（计算机网络防御）和其他测试平台的架构特征，对国防部人员开展网络作战和防御网络入侵方面的培训，以提高整个国防部网络的安全性。该靶场还可以对最新的资源进行测试和评估；沉浸式地开展战术、技术、程序训练；改进与验证；系统互操作和集成测试；进程认证。DoD CSR 是一个持久化的环境，由网络专家进行维护，并以最低的成本价格提供给国防部客户使用。国防部的客户要求可以在自己的驻地通过多种安全传输方式获得访问权限，这就消除了只为明确用途而资助、设计或购买网络靶场的必要性。客户不需要支付任何直接费用，除非他们有一些目前还没有内置在靶场中的特殊要求。在这种情况下，客户可以将具体需求提交给工作人员，并在靶场架构中实现。客户也可以额外提供一定的资金，用于购买满足需求的硬件或软件。

9.3.3.2 起源

最初，DoD CSR 的开发目的是建立一个独立运行的、以实战化为导向的军事网络靶场，以支持 1 层网络基础设施。1 层基础设施包括以下部分：

（1）1 个核心路由器作为基础设施的骨干网。

（2）核心服务器。

（3）感应节点。

（4）路由器。

（5）JRSS（联合区域安全栈）。

（6）接入点。

JRSS 是一个支持训练和管理系统的虚拟化环境。用户可以将他们自己的认证设备带入环境中，并将作战基础设施容器化，也可用于远程学习、开展培训和实验活动。最初版本的 DoD CSR 由众多物理设备组成，其手动配置工作异常复杂，往往会导致计算资源分配方面的冲突。因此，对一体化、自动化架构的现实需求促使了 DoD CSR 2.0 版本的开发。

9.3.3.3　架构

DoD CSR 2.0 是 1.0 版本的升级改进，在资源利用、事件编排和协同操作等能力方面得到大幅提升。新版本的网络靶场具备以下能力：

（1）能够为事件编排提供稳定的资源联合体。

（2）能够实现验证、配置、控制和监控过程的自动化。

（3）能够实现事件拓扑结构及验证的自动化。

（4）能够实现事件度量、响应和控制的自动化。

如图 9.14 所示，DoD CSR 2.0 采用混合型网络靶场架构，由 JRSS、UNCLASS 第 1 层和跨域服务等组件共同组成。

9.3.3.4　发展演化

DoD CSR 网络靶场的首要任务是为国防部环境提供支持。它是一个逼真的、封闭的、网络化的装备系统，用于开展作战方面的试验和训练，以消除作战任务中面临的网络风险。为克服网络靶场中需要大量手动配置的缺点，2.0 版本的网络靶场实现了事件拓扑编排验证、资源使用度量、控制和评估过程的自动化，以及大部分物理设备的虚拟化，并使用浏览器管理虚拟化的基础设施。通过提供 NTF 生成和便捷的仿真配置等服务，可在仿真环境内使用恶意软件、僵尸网络和间谍软件等开展模拟训练。

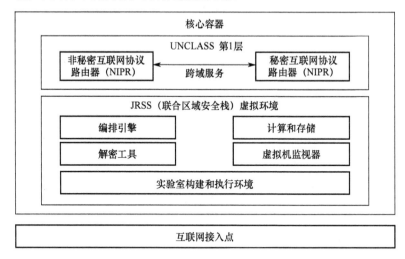

图 9.14　DoD CSR 2.0 架构组件

9.3.4　基于仿真的军事网络靶场比较

本小节总结上述讨论的几个网络靶场的所有优点（表 9.3）和特点（表 9.4）。

表 9.3　基于仿真的军事网络靶场优点

NCR	JIOR	DoD CSR
• 为开展先进的网络战训练提供了现实的、高逼真度的测试平台	• 为训练信息战和网络战概念提供了一个无缝、灵活且稳固的装备环境	• 为测试、评估、支持网络演习以及训练提供持久化环境
• NCR 在早期阶段将网络安全相关能力融其中，以避免在开发生命周期结束时再进行耗费昂贵的集成工作	• 是一个"实弹"型网络靶场	• 仿真复现 GIG（全球信息栅格）环境，且具备完整的网络化服务
• 由政府机构资助，具有很好的成本效益	• 可以在多个安全级别上同时执行多个事件	• 可以在独立模式下运行，也可以通过 VPN 与其他网络靶场互联运行，如 JIOR
• NCR 的能力是经过独立自主验证过的	• 可以提供战术性事件环境和持久化环境	• 可以提供二层和三层能力
• 支持不同事件单独或同时执行	• 可提供企业级服务	• 托管仿真环境的成本较低
• 是一个安全且隔离的测试平台	• 可容纳 6000 多名人员参加认证和培训	• 客户不必支付任何直接费用，除非他们有一些目前还没有内置在靶场中的特殊要求
• 拥有一个涵盖全面的资源库	• 可以与 145 个以上的站点进行互联，支持多达 90 个网络节点和 60 多个活动	

表 9.4 基于仿真的军事网络靶场特点

NCR	JIOR	DoD CSR
<ul><li>多级独立安全架构支持同时运行不同安全保密等级的测试</li><li>可快速仿真复杂的计算机网络环境，并具备较强的可扩展性</li><li>自动化软件测试工具箱通过减少时间线和最小化人为错误来提高创建事件的效率</li><li>在活动结束后，将所有资源回收到资源池中供以后使用</li><li>支持在同一地点的不同用户和机构执行各类事件，如测试、演习、竞赛、研究等</li></ul>	<ul><li>提供了网络仿真、蓝队能力、威胁环境和 NTF 生成等方面的能力</li><li>可支持 5 个国家的 110 多个接入点进行访问</li><li>支持为相关合作伙伴创建安全连接和安全传输通道</li><li>JIOR 的基础设施可以为 CNO 演习、测试和网络安全概念的训练提供支持</li><li>提供高标准、低密度的试验训练资源访问通道，包括与网络有关的目标、关键基础设施和 NTF 等</li></ul>	<ul><li>是一个混合型的网络靶场</li><li>国防部用户要求可以在自己的驻地通过多种安全传输方式获得访问权限</li><li>2.0 版本将大部分物理设备虚拟化，并使用浏览器管理虚拟化基础设施</li><li>支持远程学习、开展培训和实验活动</li></ul>

9.4 军事院校网络靶场

本节将介绍军事院校网络靶场（MACR），包括 USMA IWAR、爱沙尼亚网络靶场和 KYPO Czech，并对其优点进行讨论比较。

9.4.1 USMA IWAR

9.4.1.1 简介

IWAR（信息战分析与研究实验室）由 USMA（美国陆军军官学校）创立，通过搭建远程网络，支撑学员开展信息保障和作战技术等方面的教育和培训（Dodge 等，2005），其建立的初衷是让学员熟悉了解计算机安全、信息保障等概念，以及如何采取技术措施应对网络攻击（Lathrop 等，2003）。IWAR 网络靶场是一个隔离的实验室，与外界没有任何连接，其主要目的是提供一个真实的、隔离的环境来开展培训、研究、分析等联合活动。在 IWAR 中开展的大部分研究工作都集中在信息战和网络战概念上，专注于开发进攻性技术方法和防御性技术方法，通过了解入侵者是如何利用基础设施中的脆弱性进行网络渗透，将有助于开发用于保护、检测、防御和修复这些脆弱性的技术。

9.4.1.2 起源

该网络靶场的最初目标是创建一个可靠、真实的环境，以满足以下要求：

（1）由异构系统组成。

（2）提供多层级的安全设施。

（3）相互隔离的装备可进行资源共享。

（4）利用备份和管理服务器可以迅速重建系统。

（5）可集中控制实验室的配置。

（6）可以避免外部或本地的干扰破坏。

（7）可重复使用资源，减少花费。

在最初的几年里，该实验室建设了包括 40 多个系统、2 个防火墙、用于漏洞检测和扫描的软件、10 个网络组件以及 8 个不同的操作系统，所有基础设施的初始预算约为 27 万美元（Lathrop 等，2003 年）。

9.4.1.3 架构

该网络靶场被分为 4 个不同的网络，分别是灰网、金网、绿网以及黑网（Schafer 等，2000），如图 9.15 所示。

（1）灰网。灰网是网络靶场的"攻击小组"或"攻击系统"。该小组的工作站位于灰子网 1 上，每个小组都有一个主工作站，每个工作站使用 VMWare 在同一台物理机上同时运行 Windows NT（Hades）和 Linux（Inferno）等操作系统，所有参与者在灰子网机器上都有用户账号。在演习过程中，参与者必须使用他们在 NT 机器上的证书从 Linux-box 平台上下载一些恶意的小程序，并能从内部发起攻击。

（2）金网。金网是网络靶场的"金色组件"或"目标系统"。目标系统是由 Linux，Unix（SGI and Solaris），Macintosh 以及 Windows NT 服务器以及工作站组成。金网帮助参与者了解掌握在受到内部攻击时防火墙和路由器的作用发挥和自身脆弱性情况。

（3）黑网。黑网是网络靶场的"研究系统"，一般用于研究目的。教员们在该网络上进行操作并开展信息保障方面的研究工作（Ragsdale 等，2000）。

研究人员利用这个网络的所有组件（如图 9.8 所示）对进攻性课题和防御性课题开展研究工作。

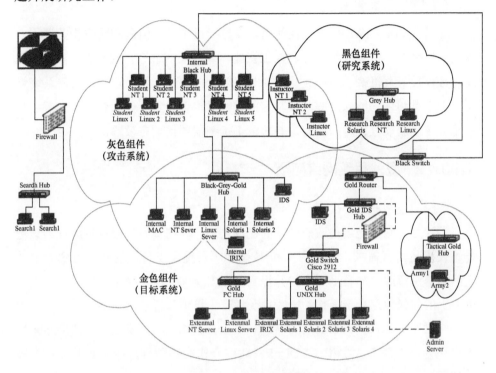

图 9.15　IWAR 原理图

拓扑结构中的几台机器包含了黑网组件和金网组件，这意味着那些是目标系统的组件被规划在黑色子网中，也就是说他们没有金网机器的账号。这种配置方式使得对这些主机的攻击更加困难。

（4）绿网。绿网是网络靶场的战术指挥和控制系统，参与者可在网络上对军队战术和控制系统的敏感性进行调查研究。绿网系统也与金网有所重叠，因此也同样会受到攻击。

多源且异构的特性使得实验室的组件难以扩展。通常，需要根据网络演习的目标定制化网络靶场相关配置，然而该网络靶场灵活性较差，无法实现目标的权衡利弊，很难将新的进攻、防御策略技术融入到网络靶场环境中。维护并启用 IWAR 网络靶场需要大量的资源投入，如软件、硬件、人力资源等，因此，通过计算机和通信组件创建维护物理网络拓扑结构也会变得异常复杂。同时，可能会有很多危险性的网络攻击，这些攻击不可能在真实的系统上进行操作。

9.4.1.4　发展演化

随着 USMA IWAR 的普及使用，支撑开设了各种信息和网络相关课程，以及操作系统、信息系统设计、人工智能、计算机网络等领域的研究项目。但是，该网络靶场仍然面临一些困难和挑战，如实验室容量扩容、复杂系统管理、新工具和新功能入网等。实验室的异构性也会导致一些问题，如配置实验室将会相当繁琐且耗时。所有这些短板不足都需要得到有效解决。

9.4.2　爱沙尼亚网络靶场

9.4.2.1　简介

爱沙尼亚网络靶场是政府资助的靶场之一，并在军方的授权下运行。该靶场不仅满足军事需求，还为国家和/或国际项目提供支持，这些项目致力于夯实网络防御资源，加强多国合作并提高网络安全弹性。该网络靶场平台可以在世界上的任何地点登录操作，一般用于教育、培训和开展网络演习等。除了担负网络联盟（Cyber coalition）和锁盾（Locked shields）演习外，该网络靶场平台还为塔林理工大学和 CCDCoE（北约合作网络防御卓越中心）提供多种培训服务（Valtenberg 等，2017）。

9.4.2.2　起源

为了加强爱沙尼亚的网络防御资源建设，该网络靶场项目于 2011 年启动实施（Valtenberg 等，2017）。该靶场支持 NATO（北约组织）的两个演习：网络联盟和锁盾（Čeleda 等，2015）。锁盾演习是自 2010 年开始组织的年度性演习活动，由北约的合作网络防御卓越中心（CCDCoE）具体操办，该演习通过模拟大规模复杂的网络事件，以提高参与者的指挥决策和交流协作能力。

锁盾演习为鼓励北约合作网络防御卓越中心以及伙伴国成员之间开展培训、试验、合作等方面的交流提供了绝佳的平台契机（CCDCOE，2021）。参演团队由来自 30 多个国家的 12000 多名网络防御专业人员组成，他们在安全的环境中共同开展对抗高技能对手网络攻击的训练。网络联盟演习一直是世界范围内的主流网络演习活动之一，通过提供实践场景，参与者开展网络事件应急响应训练（NATO CSC，2020）。在 2020 年，来自欧盟、北约成员国和 4 个伙伴国的 1000 多名人员参加了此次演习。

9.4.2.3　架构

爱沙尼亚网络靶场架构如图 9.16 所示。

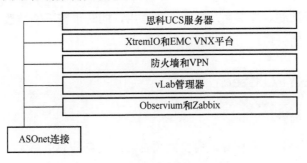

图 9.16　爱沙尼亚网络靶场架构

（1）思科 UCS 服务器：该网络靶场使用第三代 UCS 刀片服务器，该服务器拥有 12TB 的内存和 1400 个 CPU 内核。

（2）XtremIO 和 EMC VNX 平台：用于数据存储，并通过几个高达 8 Gbit/s 速度的链接（光纤通道）与网络靶场数据中心互联。VNX 提供 140TB 容量的低转速硬盘，可在资源需求较少时使用。XtremIO 提供可用容量为 30TB 的存储单元（SSD 超高速）。

（3）ASOnet 连接：该网络靶场内部使用 ASOnet 连接方式进行日常操作。另一种互联网连接方式是由 Telia 为网络演习而专门提供的。Telia 为该网络靶场提供一个 1Gbit/s 以及几个 10Gbit/s 速率的互联网连接。因为这些网络设备都是复制出来的，所以这些设备之间的网络互联也是通过复制的 10Gbit/s 连接器达成的。

（4）防火墙和 VPN：该网络靶场使用 SourceFire 的 IP（入侵防御系统）和思科的防火墙，这些防火墙负责为大约 500 个终端用户以及不计其数的站点到站点的通道提供安全的 VPN 连接。VPN 集中器被配置为主动—被动模式以获得容错性。

（5）vLab 管理器：它是一个自动化软件，用于设计和配置网络靶场的训练环境，还负责网络靶场的资源管理和工作流程的可视化。

（6）Observium 和 Zabbix：用于监控网络靶场环境。

9.4.2.4 发展演化

网络靶场功能要求是北约和爱沙尼亚政府开发网络靶场的基本原则。与正在流行的云环境相比，爱沙尼亚网络靶场只是提供了一个动态的环境，因此仅支持开展短期活动。许多系统被激活或停用，同时也在不断被改进，这与支持长期运行系统的云环境形成了鲜明对比。

9.4.3 KYPO Czech

9.4.3.1 简介

KYPO 网络靶场是捷克政府资助项目，由捷克马萨里克大学的计算机安全事件响应小组（CSIRT）负责开发和运营（Valtenberg 和 Matulevičius，2017）。KYPO 被设计成一个模块化的分布式平台，可提供真实世界的场景，且可以在任何平台环境上运行，如 OpenStack。KYPO 的架构满足以下要求。

（1）灵活性：支持任意（或根据需要）网络拓扑结构的开发和配置，包括单个节点和多个节点连接的网络。

（2）可扩展性：该网络靶场的环境和组件可以根据用户数量按比例扩展，如沙盒和拓扑节点数量、网络带宽大小以及处理能力等。

（3）隔离与互操作性：可以从世界上任何地方进行远程访问，也可以与其他外部资源和系统互联操作。

（4）成本效益：与其他军事院校网络靶场相比，该网络靶场的运营和维护费用相对较少。

（5）内置监控：可通过捕获数据包方式监控靶场内流量数据，并为每次演习提供实时日志和节点指标。

（6）易于访问：基于云构建，能够向所有参与者提供对其中心功能的网络访问权限。

（7）基于服务的访问：基于云的网络靶场可以提供 PaaS 服务（平台即服务），因此即使不是专业用户，也可以通过网络界面轻松访问该平台。

（8）开源：KYPO 目前是一个在 MIT 许可下发布的开源软件。

9.4.3.2　起源

随着网络作战场景的不断增加，在开发任何一个网络靶场时，时间效率和成本效益成为首要考虑的因素。因此，KYPO 的设计初衷是采用云资源管理技术而不是传统物理基础设施的方式。通过模拟复杂的系统和网络，提供具有完整控制和监测能力的虚拟化环境，具有较高的时间和成本效益。

9.4.3.3　架构

KYPO 网络靶场架构主要包括以下 5 个部分（图 9.17）。

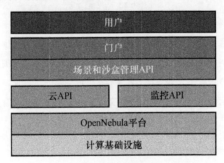

图 9.17　KYPO 组件

（1）计算基础设施：包括物理机、数据中心资源、网络设备等计算资源（Valtenberg 等，2017）。

（2）OpenNebula 平台：负责管理计算基础设施，提供云管理和虚拟化管理功能（Joint Staff J7, 2015）。

（3）监控 API：为网络拓扑结构、主机和网络靶场的其他组件提供监控功能，还负责监控云上的 API 接口，将 OpenNebula 命令转换成通用的 API 方式（Joint Staff J7，2015）。

（4）场景和沙盒管理 API：负责管理各种沙盒（Chaskos，2019）。

（5）门户：用户能够使用用门户界面对沙箱进行操作。沙箱可用于研究和分析恶意软件，以及开展网络演习。用户可通过门户界面管理和分析网络演习、访问沙盒、创建和测试新的网络拓扑，以及执行新的安全场景等。

9.4.3.4　发展演化

KYPO 网络靶场可供数百名参与者开展各种演习以及课程培训等活动，这些活动的开展有助于为网络靶场的改进工作提供有益的反馈意见。经过多年发展，该网络靶场不仅具备关键基础设施的模拟能力，而且还是开展学术交流活动的重要平台。

9.4.4 军事院校网络靶场比较

本节以表格形式总结上述军事院校网络靶场的优点，见表 9.5。

表 9.5 军事院校网络靶场优点

USMA IWAR	Estonian 网络靶场	KYPO Czech 网络靶场
• 可以提供加密技术、密码学和访问控制技术等防御措施的模拟能力 • 可以提供木马、病毒、DoS、蠕虫等网络攻击的模拟场景 • 可以提供军事战术培训，如侦察以及进攻和防御等概念	• 为参与者提供专用的备份基础设施、报告以及通信工具 • 采用"实弹"演习方式、实用的高压力装备和统一的性能评价为团队提供交互式的培训 • 对软件产品和解决方案的测试具有成本效益	• 基于云架构 • 提供综合性的培训栈、复杂的定制化工具、恶意软件分析取证、网络安全和认证服务等 • 具有灵活和可扩展的架构

参 考 文 献

CCDCOE, 2021. Locked Shields [online]. Available from: https://ccdcoe.org/exercises/locked-shields/ [Accessed 23 April 2021].

Čeleda, P., Čegan, J., Vykopal, J., Tovarňák, D., 2015. Kypo – A platform for cyber defence exercises. In: M&S Support to Operational Tasks Including War Gaming, Logistics, Cyber Defence. NATO Science and Technology Organization, Norway.

Chaskos, E. C., 2019. Cyber-security training: A comparative analysis of cyber ranges and emerging trends [online]. Available from: https://pergamos.lib.uoa.gr/uoa/dl/frontend/file/lib/default/data/2864976/theFile [Accessed 23 April 2021].

Dodge, R., Ragsdale, D., 2005. Technology education at the US Military Academy. IEEE Security & Privacy, 3(2), 49–53.

Ferguson, B., Tall, A., Olsen, D., 2014. National cyber range overview. In: Military Communications Conference, 6–8 October 2014 Baltimore. New York: IEEE, 123–128.

Haglich, P., Grimshaw, R., Wilder, S., Nodine, M., Lyles, B., 2011. Cyber scientific test language. In: International Semantic Web Conference, 23–27 October 2011 Berlin. Switzerland: Springer, 97–111.

Harwell, S. D., Gore, C. M., 2013. Synthetic cyber environments for training and exercising cyber-space operations. M&S Journal, 8(2), 36–47.

Hernandez, J., 2010. The Human element complicates cybersecurity [online]. Available from: http://www.defensesystems.com/Articles/2010/03/11/IndustryPerspective-1-human-side-of-cybersecurity.aspx?Page=2 [Accessed 20 March 2021].

Joint Staff J7, 2015. Cyberspace Environment Division/Joint Information Operations Range (JIOR) Overview [online]. Joint Staff Public Affairs. Available from: http://www.itea.org/images/pdf/conferences/2016%20Cyber/Proceedings/ROMERO_CED_JIOR_101.pdf [Accessed 23 April 2021].

Lathrop, S. D., Conti, G. J., Ragsdale, D. J., 2003. Information warfare in the trenches. IFIP Advances in Information and Communication Technology, 125(1), 19–39.

Leblanc, S. P., Partington, A., Chapman, I. M., Bernier, M., 2011. An overview of cyber attack and computer network operations simulation. In: A. G. Stricker, ed., Spring Simulation Multi-conference, 3–7 April 2011 Boston. New York: SCS/ACM, 92–100.

Luddy, J., 2005. The Challenge and Promise of Network-Centric Warfare. Arlington: Lexington Institute.

McBride, A., 2007. Air force cyber warfare training. The Defense Standardization Program Journal, 1(2), 9–13.

Meitzler, W., Oudekirk, S., Hughes, C., 2009. Security Assessment Simulation Toolkit: SAST. Technical Report, Pacific Northwest National Laboratory.

Mudge, R. S., Lingley, S., 2008. Cyber and Air Joint Effects Demonstration (CAAJED). Air Force Research Lab Rome, NY Information Directorate.

NATO CSC, 2020. NATO exercises cyber defence capabilities at Cyber Coalition [online]. Available from: https://www.ncia.nato.int/about-us/newsroom/nato-exercises-cyber-defence-capabilities-at-cyber-coalition.html [Accessed 23 April 2021].

Pridmore, L., Lardieri, P., Hollister, R., 2010. National Cyber Range (NCR) automated test tools: Implications and application to network-centric support tools. In: 2010 IEEE Autotestcon, 13–16 September 2010 Orlando. New York: IEEE, 1–4.

Prinetto, P., Farulla, D. G. A., Marrocco, D., 2018. Design and Deployment of a Virtual Environment to Emulate a SCADA Network within Cyber Ranges. Politecnico di Torino. Available from: https://Webthesis.biblio.polito.it/9566/ [Accessed 23 April 2021].

Ragsdale, D., Schafer, J., 2000. USMA information warfare analysis and research IWAR laboratory [online]. Available from: https://slidetodoc.com/usma-information-warfare-analysis-and-research-iwar-laboratory/ [Accessed 23 April 2021].

Roesch, M., 1999. Snort: Lightweight intrusion detection for networks. Lisa, 99(1), 229–238.

Schafer, J., Ragsdale, D. J., Surdu, J. R., Carver, C. A., 2000. The IWAR Range: A Laboratory for Undergraduate Information Assurance Education. Military Academy West Point, NY.

Urias, V. E., Stout, W. M., Van Leeuwen, B., Lin, H., 2018. Cyber range infrastructure limitations and needs of tomorrow: A position paper. In: 2018 International Carnahan Conference on Security Technology (ICCST), 22–25 October 2018 Montreal. New York: IEEE, 1–5.

Valtenberg, U., Matulevičius, R., 2017. Federation of Cyber Ranges. Thesis (Master's). University of Tartu.

Varshney, M., Pickett, K., Bagrodia, R., 2011. A live-virtual-constructive (LVC) framework for cyber operations test, evaluation and training. In: Military Communications Conference, 7–10 November 2011 Baltimore. New York: IEEE, 1387–1392.

Wabiszewski, M. G., Andel, T. R., Mullins, B. E., Thomas, R. W., 2009. Enhancing realistic hands-on network training in a virtual environment. In: Spring Simulation Multiconference, 22–27 March 2009 San Diego. San Diego: Society for Computer Simulation International, 1–8.

第 10 章
现有学术界网络靶场

10.1　基于模拟的学术领域网络靶场

本节将介绍基于模拟的学术领域网络靶场（ACR），包括 SECUSIM、RINSE、netEngine、OPNET 网络靶场以及 CONCORDIA 联盟，并对其优点、特点进行讨论比较。

10.1.1　SECUSIM

10.1.1.1　简介

SECUSIM 是在 2001 年基于一篇论文而研发的网络靶场，由政府和研究中心联合支持开发（Cohen，1999）。该网络靶场最初的研究重点是实现以下三个主要目标：

（1）面向攻击的网络靶场机制规范。

（2）面向防御的网络靶场机制验证。

（3）从推论中得出评价结果。

为实现这些目标，该网络靶场采用了一体化分层体系架构和复杂的建模/模拟概念，如 SES/MB（系统实体结构/模型库）框架、实验框架以及 DEVS（离散事件系统规范）形式化描述方法（Cohen，1999）。网络靶场的模拟活动可以归纳为以下几点：

（1）为网络基础设施的脆弱链路和节点定义度量方式，实现对模拟基础设施的科学化评估。

（2）在一个隔离的事件模型状态转换图中，描述面向防御机制的行为、网络攻击及其后果。

（3）使用 DEVS 形式化描述方法开发复杂的功能级模拟环境。

模拟方法可分为 4 个不同阶段，具体如下：

（1）第一阶段，包括指定模拟目标、要求、分类标准和约束条件。SES 规定了所有网络基础设施相关的概念。

（2）第二阶段，包括特征行为和结构模型的生成。DEVS 形式化描述可用于建立分析器和攻击模型，这些模型被保存到模型库中。

（3）第三阶段，包括模型库动态模型和 SES 网络结构的整合。可对网络攻击执行过程进行模拟。

（4）第四阶段，包括模拟结果分析。每个网络组件及其安全策略、特性均可被评估。

10.1.1.2　术语

本节解释了上述与网络靶场有关的一些术语：

（1）SES/MB（系统实体结构/模型库）框架。SES 包括组件分解、约束条件、模拟分类、目标等模型的结构信息，使用转换操作生成层次化的完整模型（Chi 等，2001）。模型库存储所有构建的模型，如分析器和攻击模型。SES/MB 框架支持在靶场环境下使用面向对象的语言描述。

（2）DEVS（离散事件系统规范）。DEVS 用于描述创建事件的模型，以不同事件作为输入，通过状态转换，生成事件（外部）作为输出，包括内部转移函数、外部转移函数、输出函数和时间推进函数（Chi 等，2001）。

（3）攻击模型。攻击模型负责提供攻击命令矩阵，作为攻击场景对应的输出（Chi 等，2001）。

（4）分析器模型。该模型负责收集所有组件运行状态数据，在考虑脆弱性前提下，分析基础设施各组件的性能参数（Chi 等，2001）。

图 10.1 描述了攻击模型和分析器模型之间的工作关系。攻击模型在网络中执行命令并发送到分析器，网络对攻击模型和分析器模型做出响应，一旦分析器模型收集到足够的数据，就向攻击模型和网络发送终止指令。接下来，通过攻击模型给出的结果，分析器模型对每个组件的性能进行分析。

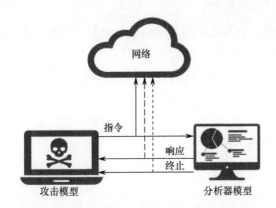

图 10.1　攻击模型和分析器模型之间的工作关系

10.1.1.3　架构

在最初发布时，SECUSIM 网络靶场是在 Visual C++环境上开发实现的，可以在一次模拟事件中支持多达 20 种攻击方式，攻击大约 100 个网络组件（Park 等，2001）。图 10.2 展示了该网络靶场的主要组件，具体功能描述如下。

（1）网络适配器：提供图形化编辑功能，用于构建多样化的、符合需求的网络结构。

（2）图形化用户界面（GUI）：支持网络构建、初始化和属性调整等操作，这些属性根据模拟的结果和条件而变化。在模拟过程中支持数据包级的图形化显示效果。

（3）模拟引擎：负责执行所有攻击场景以及与之对应的网络模型，并提供模拟结果反馈。

（4）组件模型库：包括物理组件，如路由器、服务器、防火墙和网关等。

（5）攻击场景数据库：包含经授权的网络攻击场景，通过控制命令在模拟环境中使用。

根据需求，SECUSIM 可采用以下 5 种不同模式，具体如下。

（1）基本模式：可从数据库中检索调取有关攻击场景的信息。

（2）中级模式：可对攻击场景进行配置，用户可以在"组件属性窗口"中任意选择目标主机和攻击模型。

（3）高级模式：支持使用"命令输入窗口"进行授权测试，对网络攻击方式进行调整。

（4）专业模式：允许托管多个网络攻击模拟，有助于确定和分析网络基础设施的脆弱性。

（5）应用模式：允许用户进行创建和编辑等操作，并根据自身需求配置网络。

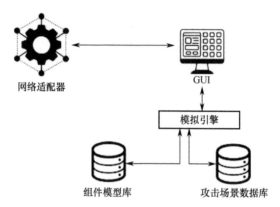

图 10.2　SECUSIM 网络靶场组件

10.1.2　RINSE

10.1.2.1　简介

RINSE 由美国伊利诺伊大学开发（Liljenstam 等，2005），具有模拟恐怖分子对国家重要的网络基础设施开展网络攻击的能力，通过构建一个大规模的、实时的模拟系统，可同时容纳多个团队共同参与，并提供安全技术支撑和冗余硬件管理能力（Greenspan 等，2004）。该网络靶场将人机交互服务与多种模拟功能结合起来，可以支持公共部门和私营部门共同开展网络战争演习，包括电信、电力、金融等社会机构以及大学、协会等学术机构。

在早期的网络靶场中，当研发人员需要在已有的模拟环境中添加更多的网络组件时，必须重新开始创建一个新的模拟环境。但是 RINSE 架构不需如此，可实现模拟平台的即时、便捷、经济的功能扩展，且 API 接口也具有较好的用户友好性（Greenspan 等，2004）。RINSE 网络靶场通过采取一系列策略实现可扩展性，如保持不同模块之间的语义一致性、预测可能的变化以及调整相应的决策。为了进一步提高其性能，RINSE 重点关注以下要素：

（1）资源需求。该网络靶场使用并行处理技术来调节各种事件的发生和事件消耗的资源。对服务的等待队列大小和执行时间长短进行控制，防止任何超限情况发生。

（2）资源管理。对所有模拟环境及其数据进行远程备份，使用超过 1500 个高性能处理器和大量的内存以实现资源的增加和并发（Greenspan 等，2004）。

（3）资源仲裁。RINSE 使用调度策略实现资源分配，如 FIFO 队列算法、确定优先级调度和时间期限策略（Greenspan 等，2004）。

RINSE 模拟环境可为用户提供功能包括：用于攻击或防御的数据包过滤器、用于诊断的网络工具、数据模拟器和设备控制器（Leblanc 等，2011）。这些工具用于控制模拟环境的输出，并发现存在的任何漏洞。该靶场没有使用基于 GUI 技术的图形化用户界面，而是使用命令行作为输入，可实现高流量密度的网络攻击模拟能力，如蠕虫和 DDoS 攻击。参与者必须具备检测诊断漏洞的能力，并保护模拟的网络基础设施免受此类攻击。攻击小组的任务是通过垃圾流量阻断基础设施的服务器，使其丧失功能，垃圾流量过大，使得服务器无法承受并不能提供应有的服务。防御团队需要确保所有服务器都能够正常运作，并诊断出受影响的服务器。模拟控制器负责监控参与者的表现情况。该网络靶场用于教育和训练网络安全人员应对大规模的网络攻击场景。

10.1.2.2 架构和业务关系

RINSE 网络靶场架构由多个团队人员共同研制开发，包括投资方、组织机构和大学的相关人员。像高性能、安全性和容错性这一类网络靶场基础特征，由投资方和其他参与组织共同研究确定。技术团队负责具体实现满足上述要求的技术环境。图 10.3 展示了参与靶场架构设计的各实体组织之间的关系（Greenspan 等，2004）。

10.1.2.3 架构

RINSE 网络靶场由 5 个主要组件组成，如图 10.4 所示。

（1）iSSFNet：是一个支持并行运行的网络模拟器，其内核模式负责管理所有功能。该网络模拟器可支持构建各种大规模的、即时的、实时的模拟环境，其独特的同步机制支持分布式操作。

（2）数据库管理模拟器（SDM）：负责 iSSFNet 和 SQL 数据库之间的数据

传输。SDM 与所有的模拟节点单独连接（Liljenstam 等，2005），同时将数据库的控制信号传送给模拟器。

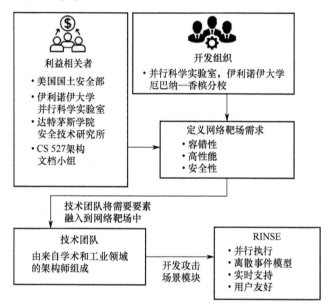

图 10.3　架构设计的各实体组织之间的关系

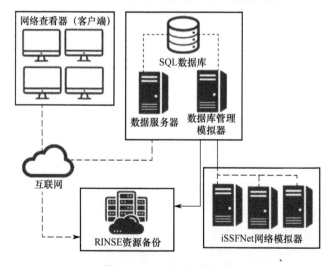

图 10.4　RINSE 架构组件

（3）网络查看器：在模拟环境中，协助用户查看模拟网络状态，是基于java 客户端的应用程序（Liljenstam 等，2005）。管理员可以使用网络查看器在模拟环境中插入新的场景，并支持 5 种不同类型的控制命令：发起攻击、采取防御策略、运行基础设施组件、采集模拟数据、诊断模拟数据。

（4）数据服务器：可为网络查看器和模拟环境之间建立联系通道，为管理员管控模拟环境提供监控和操作工具；还负责用户认证，授权网络查看器访问数据库，传输客户端网络信息等。

10.1.3 netEngine

10.1.3.1 简介

netEngine 网络靶场可创建基于国家基础设施的大规模模拟环境，帮助安全人员和政策制定者做好网络安全准备相关工作。该网络靶场主要实现以下目标（Brown 等，2003）：

（1）识别网络基础设施脆弱性，并为用户决策提供相关数据。

（2）确认、验证用户决策可能导致的后果。

（3）通过模拟大规模关键基础设施，为开展网络攻击演习做相关准备。

（4）为不同参与团队、机构之间搭建学习交流的平台。

netEngine 网络靶场构建的模拟环境一般可用于开展网络攻击演练。模拟的环境有助于简化网络基础设施复杂的相互作用和依赖关系，也有助于用户认识到网络攻击可能产生的被忽视的或难以预见到的后果。在模拟过程中，所有参与者的操作记录和团队之间的交流记录都被存储在日志信息中。通过查询相关日志信息进行演习复盘分析，可保证决策的有效性和正确性。参与者可以通过电子邮件或即时信息进行交流，并查看网络状态、拓扑图和团队的响应动作，提高体验的真实度。

该网络靶场基于 C++语言编译实现、运行在 Linux 平台上，使用 Apache 作为 Web 服务器（Brown 等，2003）。因此，只要与互联网连接，不同区域的参与者就可以访问靶场。图 10.5 说明了 netEngine 的工作原理。

10.1.3.2 架构

netEngine 是一个能够容纳上千名参与者的轻量级网络靶场，无论他们是在同一地点还是分布在不同区域，所有参与者都可以通过浏览器访问靶场环境。在不需要图形化显示的情况下，网络靶场中的每个 CPU 都可以实时模拟多达 1000 个网络组件，如路由器、工作站和防火墙（Brown 等，2003）。图形图像处理最消耗系统计算资源，包括显示网络状态图或路由器负载条形图。

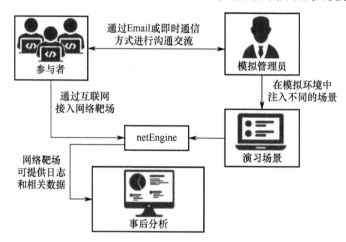

图 10.5　netEngine 工作原理

路由器负载条形图记录了在特定时间段内影响路由器性能的所有活动，例如：

（1）正常网络流量条件下的路由器状态。

（2）网络攻击条件下的路由器状态。

（3）非活跃状态的路由器状态。

（4）重置条件下的路由器状态。

（5）重置后工作中的路由器状态。

所有组件运行状态使用不同颜色表示。参加者在网络靶场界面中可点击查看任何组件的加载记录，也可查看各种安全策略和路由表。演习中，参加者可利用模拟的电子邮件或电话小程序进行沟通交流，也可以和管理员交换意见或传达相关信息。图 10.6 显示了模拟环境中使用的各种物理组件。

所有演习场景事件都是预先配置并存储在网络靶场数据库中，管理员负责决定先部署哪个事件，以及排定演习期间的事件序列，同时进行不间断的网络流量控制。他们可以禁用路由器，或改变路由表，或启动一个设备，也可在模拟环境中随意修改网络参数配置（Leblanc 等，2011）。最初，参与者处理事件是为了熟练掌握网络靶场的网络通信和监控功能。

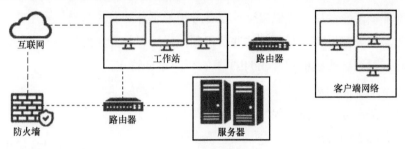

图 10.6 netEngine 组件

所有参与者的通信信息、决策信息、活动信息等都保存在日志中，并用于演习后的复盘分析工作，评价参与者在网络攻击事件中维护网络功能的个人作用发挥情况。

10.1.4 OPNET 网络靶场

10.1.4.1 简介

OPNET 网络靶场是由 OPNET 技术公司开发的（Pan 等，2008）。截至 2005 年，OPNET 已经被 240 多个国家的研究人员和学生广泛应用（OPNET projects team，2005）。OPNET 可用于项目研究，指导学生在网络研究领域的开发工作。OPNET 是一个可以免费安装和使用的开源软件，通过提供免费的软件许可，为各个大学等学术机构提供优惠的技术支持（Sethi 等，2012）。OPNET 网络靶场一般用于研究网络通信设备、应用和协议等，也可用于支撑网络相关的设计和开发。

该网络靶场在创建网络拓扑方面提供了强大的功能支撑，内置了一套标准化的协议模型但不支持创建新的协议。网络模拟工作流程是：首先创建和配置网络拓扑结构；然后通过选择在该网络上运行的应用程序并配置运行参数，为所模拟网络配置业务量，定义和配置想收集的统计量；最后模拟环境搭建完成并运行后，用户可以查看相关模拟结果。用户可以复制之前创建的模拟环境或开发一个新的模拟环境。OPNET 网络靶场利用其强大的图形化用户交互界面（GUI）和集成平台提高用户的友好体验，一方面便捷了模拟环境的设计工作，另一方面以图表、动画等图形化显示模拟结果，大大提高了结果分析效率。

除了自带的模块和库之外，OPNET 网络靶场还支持在模拟环境中集成其他的外部数据库，用户可以自行设置各种模拟事件的发生场景。采用基于离散事件驱动的模拟机制，基于包的通信机制，采用了与真实网络相一致的层次结构设计，即三层建模机制。OPNET 具有以下设计特点：

（1）采用面向对象的模拟方式。

（2）采用分层建模方式。

（3）强大的图形界面功能。

分层建模全面反映了模拟架构各层级中经常被忽视的属性。用户首先需要定义模拟的目标或问题清单，使用内置的库和协议，建立模拟模型，并编译成可执行代码；然后进行调试或直接执行，用户可以根据最初设定的目标来修改这些模型；最后，用户会得到所有的模拟数据并进行结果分析。OPNET 网络靶场支持即时的模拟环境构建，以及模拟数据包和库的扩展（Chang，1999）。

10.1.4.2 架构

如图 10.7 所示，OPNET 网络靶场所有组件和工具可以根据其用途进行分类，主要完成以下工作。

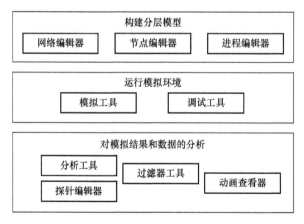

图 10.7 OPNET 架构组件

1）构建分层模型

构建分层模型的组件主要由三个编辑器组成，用于创建新的网络模型或现有模型的编辑复用，在某一层中建立的模型可以在其他层中应用。

网络编辑器用于创建通信网络中的物理拓扑结构，包括定义网络组件（如链路和节点）的位置信息和它们之间的连接关系。网络编辑器在"网络模型"中实现了节点能力，每个模型都用于定义一个节点或一个链路的行为。

节点编辑器在"节点模型"中用于指定网络模型中所有已创建的和相互连接的组件，这些节点模型相互连接，可以分为预定义的和可编程的模型。数据包生成器、无线收信机等属于预定义模型，因为它们拥有一套内置的参数。队列和处理机属于可编程的模型。

节点模型内每个可编程模型的功能都通过"进程模型"来定义。进程编辑器负责创建这些模型，这些模型定义了队列、处理器的行为和逻辑进程。Proto-C 语言用来描述进程模型的相关操作，这种语言包括 C 语言的所有功能、状态转换图和内核程序库，可以创建新的进程来执行子任务。

2）运行模拟环境

上述所有模型都有助于在模拟环境中执行相关操作。调试工具和模拟工具协助运行模拟环境并收集数据。模拟工具负责在 OPNET 内以 GUI 形式执行模拟功能，该工具规定了模拟队列及其执行、存储和未来使用的方法。

3）对模拟结果和数据的分析

使用探针编辑器、过滤器工具和分析工具等实现对模拟环境中数据的采集功能。

探针编辑器定义了数据的来源和要收集的数据类型。统计量和动画等模拟数据由各种 OPNET 模型生成。探针编辑器只需提供关键信息即可帮助用户精简海量数据。OPNET 为不同类型的数据提供不同探针。例如，用户可以应用统计量探针监测比特错误率和吞吐量；可以应用自动动画探针生成动画序列，对于自定义动画，可以使用自定义动画探针；耦合统计量探针只适用于无线收信机。

随着不同类型和数量的数据产生，分析工具协助对收集到的数据进行图形化表示，所有的图表都在分析面板内展示。用户可以使用各种操作来创建和修改面板，面板区域包括带有数字坐标轴的绘图区域。分析工具还协助处理最新生成的数据集，并将其绘制成图表。

过滤器单元是相互连接的，并用于表示过滤器模型。这些过滤器单元要么是对过滤器模型的引用，要么是预先建立的处理单元。所有过滤器模型都是分层的，且大多数包含其他类似的过滤器模型。这些模型对一个或多个向量（数字数据条目）进行操作，最终组合形成输出。

10.1.4.3 模拟工作流程

前面对各种分层模型进行了讲述，下一步就是在模拟环境中进行各种操作。此外，还必须收集输出数据，如模拟终止后每个网络组件的性能和状态数据。因此，模拟工作的第一个步骤是指定存储数据的类型，用户需要事先决定哪些信息是必要的。各种不同类型的数据包括组件的行为数据、应用程序的统计量数据以及图形化展示数据。

第二个步骤主要是构建模拟环境。在定义分层模型和数据探针后，开发者可以为模拟环境创建一个可执行的代码文件。这个代码文件可以储存起来为将来使用，也可以根据最新的要求进行调试修改。OPNET 在执行模拟环境方面非常灵活，提供一系列选项支持内部和外部的执行进程和属性。模拟环境可以在 OPNET 平台上独立运行，但图形化工具除外。

10.1.5 CONCORDIA 联盟

"CONCORDIA 联盟"是欧盟在地平线 2020 计划下资助的项目之一（CONCORDIAns，2020）。该联盟的参与方包括各个欧洲学术机构，以及来自通信、电子医疗、电子交通、金融和电信等行业的组织。该联盟在其计划下支持了一些网络靶场项目，并常年举办各种网络研讨会、讲习班、会议和与网络安全有关的活动。

CONCORDIA 联盟致力于实现以下目标：

（1）向各业界的政策制定者提供网络安全方面的最新知识。网络战争场景和网络安全形势在不断发展变化，因此，有必要对影响关键基础设施安全的各种因素进行认知更新并做好准备。

（2）将所有参与群体的目标、观点等融入其中。联盟必须成为所有团体能够充分讨论和分享其研究成果的媒介。

（3）设计一个有弹性的、安全的网络安全生态系统，其各种资源可为各相关团体所用。

（4）支持制定网络安全路线图。不同团队聚集在一起，为网络安全、数据安全、应用安全和用户安全等设计开发更复杂、更可靠的解决方案。

（5）为学生和专业人士提供简洁的虚拟课程，以及认证、竞赛、研讨会或其他活动。

（6）现有资源、虚拟服务和平台都是可扩展的，以适应最大数量的参与者并支撑开展相关活动。

（7）支持开展网络防御演习，并对专业人员和学生进行授课和培训，也可用于设备研制和危机管理。

（8）开发一套治理系统，确保贯彻执行团队的指导方针，有助于建立一个强大、安全和受人尊敬的共同体。

（9）开发一套经济学框架，用于评估经济因素的直接影响和间接影响。

CONCORDIA 联盟支持的网络靶场项目列举如下，并将在接下来的小节中讨论：

（1）TELECOM Nancy 网络靶场。

（2）RISE 网络靶场。

（3）空客网络靶场。

（4）CODE 网络靶场。

（5）KYPO 网络靶场。

10.1.5.1 KYPO 网络靶场

KYPO 网络靶场由捷克马萨里克大学的计算机安全事件响应小组（CSIRT）开发和运营（Valtenberg 等，2017）。该平台基于 OpenStack 云技术搭建，由容器、微服务和基础设施即代码组成（Feller，2020），是一个用户驱动的网络靶场，旨在为学生教学和网络安全专业人员培训提供实用的解决方案。由于它是一个基于云构建的网络靶场，因此具有较好的灵活性和可扩展性优势。第 9 章已经讨论了该靶场，详情参阅 9.4.3 节。

10.1.5.2 TELECOM Nancy 网络靶场

TELECOM Nancy 网络靶场最初由法国洛林大学开发，用于支持大东区学生和专业人士开展网络安全培训（Tncy，2020）。该靶场构建、部署和试验真实复杂的 IT 设备，以模拟和分析不同的网络攻击和防御环境。它包括两个训练室，并与一个用于托管靶场服务器的机房连接。该靶场还为创建和编辑网络拓扑结构以及导入或导出外部功能提供图形化显示界面。

TELECOM Nancy 网络靶场具备以下能力：开展教学和培训活动、网络防御演习、硬件/软件测试、网络安全研究及认证等。该靶场使用的服务器称为 HNS，由 DIATEAM 公司开发，用于在虚拟拓扑结构和物理平台、资源之间建立网络连接。

10.1.5.3　RISE 网络靶场

RISE 网络靶场隶属于 RISE（瑞典国家研究院），位于瑞典首都斯德哥尔摩 KISTA 科技园内，用于开展网络安全测试和演示验证（RISE，2020）。该网络靶场为瑞典公共部门提供真实的网络安全态势感知和培训服务，包括处理突发事件的应急响应，也可用于网络安全领域的科学研究和设计开发，为道德黑客、CTF 等国际性比赛和论坛活动提供组织和技术支撑。

RISE 网络靶场同时提供与上述网络靶场相同的服务。例如，作为测试平台环境，可为最新的安全软件、补丁或硬件提供市场发布前的安全测试和分析服务；可支撑用户不间断地监测模拟基础设施及其组件的性能状态；利用私有云构建模拟环境，支撑用户综合运用虚拟化拓扑和物理硬件、组件创建模拟的关键基础设施。

10.1.5.4　空客网络靶场

空客网络靶场是一个多用途的网络靶场平台，包含各种虚拟化组件和能力，如虚拟机、网络拓扑、容器、流量生成器、攻击场景等（Airbus，2020）。该网络靶场具备以下能力：

（1）用户友好型平台。用户不需要安装额外的软件，通过网络接口即可访问网络靶场资源，这些接口可提供复杂组件的管理能力，帮助用户把更多精力集中在自身系统环境的模拟。

（2）易操作性。通过选择适用的虚拟化技术，如 Docker 和 VMWare，最大限度减少操作过程中的管理工作。

（3）开放、可扩展和定制化的平台。空客网络靶场可同时支持和运行多个模拟环境，并根据用户需求构建相应的模拟环境，将攻击模型和虚拟资产等资源融入其中。

空客网络靶场还支持开展危机管理演习，可以容纳 50 名来自教育机构和工业领域的专业人员共同参与。该网络靶场具有以下优势：

（1）使用物理组件，便携、易于部署，包括相应的服务和电力供应。该平台使用一个便携式的箱子来进行部署。

（2）云平台提供了多站点协同和灵活的体验模式，这种在云中托管平台的方式在价格方面也是相当划算。

（3）为团队提供的服务包括开展危机管理演习和专业化的培训，并提供开展组件测试的相关资源。

（4）所有网络靶场要素都被备份并存储在"bundle"的结构化设计中，这些bundle 文件可用于备份，也可用于位于不同地理位置的社区之间进行资源共享。

（5）使用高级 API 接口运行多个隔离的模拟环境。

10.1.5.5 CODE 网络靶场

CODE 网络靶场最初由德国慕尼黑联邦国防大学 CODE 研究所开发（CODE，2020），用于为计算机网络作战（CNO）和网络安全提供配套的培训环境。由于该网络靶场与其他网络相互隔离，采用模块化设计思路，可灵活使用 VMWare 进行创建、编辑和导入等操作，为新的 IT 原型系统或工具开展测试和评估提供了便利条件。

CODE 网络靶场采用虚拟化技术，可实现物理资源和虚拟组件的灵活整合。用户使用 VMWare 软件创建、导入和编辑模拟环境，但在实现导出功能时，需要进行授权以便导出用户创建的场景和所需的资源。它包括 80 种不同类型的演习科目场景，如红队演习、SCADA 演习以及蓝队演习等，并允许用户创建新的拓扑场景或定制拓扑场景。

10.1.6 基于模拟的学术领域网络靶场比较

本节重点总结了以上讨论的网络靶场的所有优点（表 10.1）和特点（表 10.2）。

表 10.1　基于模拟的学术领域网络靶场优点

SECUSIM	RISE	netEngine	OPNET
• 支持构建安全模型 • 可对基础设施中不同组件进行脆弱性度量分析 • 根据使用需求提供 5 种不同工作模式：基本模式、中级模式、高级模式、专业模式、应用模式 • 集成环境可提供多种服务，如创建攻击模型、分析组件性能等 • 在模拟环境中，可根据规模和复杂程度对网络攻击进行系统化分类	• 用户友好型平台 • 众多来自不同研究领域的参与者可以共同在该平台上开展大规模的演习和战争游戏活动 • 可实现高流量密度的网络攻击模拟能力，如蠕虫和 DDoS 攻击 • 可以根据用户需求调整加快模拟速度 • 能够有效处理资源需求、资源分配、资源备份等问题 • 具有对所有数据和模拟环境进行远程备份的功能	• 能够容纳上千名参与者的轻量级网络靶场，无论他们是在同一地点还是分布在不同区域 • 重点侧重于网络攻击对关键基础设施的影响 • 支持演习的事后复盘分析，并提供所有活动日志信息 • 可对参与者开展网络攻击准备和知情决策等方面的培训 • 模拟的环境有助于简化网络基础设施之间复杂的相互作用和依赖关系 • 帮助用户理解任何被忽略的或不可预见的网络攻击所产生的后果	• 开源免费软件，提供免费的软件许可，为各个大学等学术机构提供优惠的技术支持 • 支持构建各种大规模的网络和通信拓扑结构 • 提供强大的图形界面显示功能 • 使用 Proto-C 语言动态编写模拟协议和功能 • 提供内置的模型库，允许用户自定义模型并修改 • 可在分析面板中以图表形式对模拟数据进行展示和分析

表 10.2　基于模拟的学术领域网络靶场特点

SECUSIM	RISE	netEngine	OPNET
• 使用 Visual C++开发实现 • 包含 SES/MB（系统实体结构/模型库）框架，面向对象的实验框架，以及 DEVS（离散事件系统规范）形式化描述方法 • 采用一体化分层体系架构 • 可生成经授权的网络攻击场景 • 支持对所有组件进行脆弱性分析	• 支持构建即时的模拟环境 • 支持多尺度的网络流量建模 • 提供专业的攻击模型、许可路由模拟以及物理资源模型（CPU、内存等） • 灵活、可扩展，用于培训和演习 • 可实现延迟吸收技术	• 基于 C++语言编译实现，通过 Web 浏览器进行访问 • 参与者可在网络靶场界面通过点击查看任何组件的负载历史 • 参加者可通过电子邮件或电话应用小程序进行模拟通信 • 运行在 Linux 机器上 • 所有演习事件都可预先配置，并存储在数据库中	• 大规模、离散事件模拟器，具有可扩展性、灵活性等特点 • 使用分层和面向对象的建模方式 • 支持自带和外部模拟资源库和属性 • 可实现复杂网络和通信基础设施的模拟能力，且具有数据分析功能 • 允许进程在不同模型中动态使用 • 当用户希望只分析某种特定类型的数据时，可使用探针精简海量数据

10.2 基于仿真的学术领域网络靶场

本节将介绍基于仿真的学术领域网络靶场（ACR），具体包括 VCSTC、LARIAT、Emulab、DETER 和 Virginia 网络靶场，并对其优点、特点进行讨论比较。

10.2.1 VCSTC

10.2.1.1 简介

VCSTC 网络靶场是由美国国防部资助的学术研究项目，用于在新设备部署前对其安全性能和影响进行自动化测试评估（Pederson 等，2008）。该网络靶场将物理资源和虚拟化技术有效整合，形成一套功能强大的仿真系统。使用 TDL（测试描述语言）实现，该语言能够规定安全设备的功能规格。VCSTC 网络靶场提供以下功能（Shu 等，2008）：

（1）高逼真度。混合仿真系统的特性，决定其有能力在对原始基础设施的仿真创建时具有较高逼真度，并可根据用户要求对网络节点进行自动化配置。

（2）具有竞争力和可扩展性的测试平台。就所需要使用的资源规模而言，尽可能真实地复现网络基础设施的成本是昂贵的。该网络靶场使用 VMware 服务器，可根据需要对测试平台进行即时扩展，尤其在需要改变测试平台规模时，VMware 虚拟化技术可提供对相关资源和应用程序的保存功能。

（3）自动化仿真。该网络靶场支持自动执行复杂安全序列、协调物理和虚拟组件，用户只需要关注仿真过程即可。

（4）融入最新的安全测试平台解决方案。网络靶场支持创建测试用例、仿真并运行基础设施。运行前，测试用例被编译成可执行的 TDL 文件。

10.2.1.2 架构

支持安全测试的网络靶场，其必要的组件包括测试用例和模型，这两个组件是单独开发并独立运作。网络模型必须包含仿真原始基础设施所需的信息，网络靶场中网络模型是可重复使用的，不受任何特定设备的约束限制。对于测试用例，必须指定一组要记录的观察对象并提供必要的结果，用户需在执行测试前设置好相应参数。

在执行测试用例之前，网络模型要用支持的库文件进行编译。如果它们是兼容的，就会被成功编译成可执行的形式。接下来是网络模型的自动化仿真，以及选择测试用例并配置参数。

VCSTC 网络靶场架构包括建模模块、测试执行器、虚实结合网络、数据库、测试结果分析器和 Web 前端。所有组件如图 10.8 所示，下面将讨论它们的工作原理。

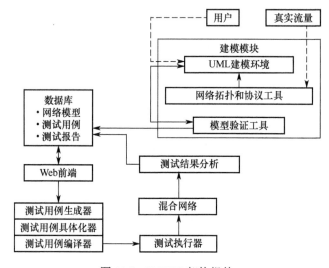

图 10.8　VCSTC 架构组件

建模模块基于 UML（统一建模语言）实现，为用户提供网络模型的创建和验证功能。模型验证后，被存储在数据库中，以便进一步使用。Web 前端包括测试用例生成器、具体化器和编译器，负责接受用户创建的测试用例，设置测试参数，编译成一个可执行的二进制文件。使用该执行文件，测试执行器开始对原始基础设施进行仿真，执行测试用例。仿真的网络是一个混合网络，包括各种网络接口，为外部网络和内部网络之间提供连接接口服务。在执行过程中，所有虚拟网络数据包都受到监控。仿真结束后，分析测试结果数据并将其存储在数据库中，该数据库还会存储测试结果、测试用例和已执行的网络模型。

10.2.2 LARIAT

10.2.2.1 简介

LARIAT 网络靶场最初由 DARPA（美国国防部高级研究计划局）建立，是 1998 年至 1999 年入侵检测数据生成测试平台的扩展和延伸（Rossey 等，2002）。LARIAT 是一个用于信息保障的可部署测试平台，可实现生成背景流量、真实网络攻击、验证成功或失败等功能。最初，该网络靶场设定了以下预定目标：

（1）支持实时评估。

（2）提供一个可配置的、可即时部署的、用户友好的测试平台。

（3）支持信息保障系统的开发和评估。

（4）从单个或多个组件生成攻击向量。

（5）减少执行过程时间消耗。

（6）可以在多个地点进行分布式操作。

（7）包括防火墙在内的多种防御技术。

（8）测试用例可以被重复使用和重新配置。

LARIAT 网络靶场能够将所有测试阶段自动化完成，这其中包括对仿真环境的配置，用户只需要设置测试条件，选择一个测试场景配置文件，编辑和设定攻击次序，设定日志记录方式即可。靶场将配置信息分发到所有主机上，接下来就是仿真系统的执行和实时跟踪主机的性能变化。靶场将自动采集各种仿真数据，如攻击日志、攻击成功率、攻击结果、个人表现情况等。仿真结束后，靶场通过重新初始化主机或重置攻击向量以归零平台。想要运行下一个测试活动，用户只需要再次选择一个测试场景配置文件即可。

10.2.2.2 架构

LARIAT 网络靶场的与众不同之处在于，它能够根据用户的仿真需求生成真实网络流量。测试平台工作人员仍然需要搭建测试网络，在主机上安装操作系统和应用程序，并部署防御主机和网络工具。靶场以此网络结构为基础，部署虚拟主机和用户。虚拟用户由马尔可夫模型驱动，每个用户具有不同角色，与应用程序、环境和其他用户交互。互联网流量也可以被模拟出来，采用互联网流量接入方式，可将模拟场景和真实硬件结合起来，适用于信息作战相关的测试以及信息安全方面的研究。本地运行应用程序和服务，因此可以发现、调查被测对象的脆弱性和缺陷情况。为了简化网络靶场测试平台的配置过程，创建了一个称为 Director 的 GUI 组件，它可以改善测试流程和控制过程，如软件部署、故障排除、控制和监测等。该网络靶场是美国空军内部用于培训的少数模拟工具之一（Wabiszewski 等，2009），还可用于入侵检测系统的实时自动化测试。仿真系统的所有细节信息都存储在一个可配置和可移植的.xml 文件中，使用 XML 是由基于 Java 的 Director 和基于 Perl 的脚本进行主机配置的最优方式，有助于重新配置主机和扩大网络流量。

10.2.3　Emulab

10.2.3.1　简介

Emulab 最初由犹他大学开发，是一个用于虚拟网络仿真的多用户、开源的测试平台。它可在同一个实验框架下采用通用接口接入不同的网络设备（Eide 等，2006）。在 Emulab 的物理拓扑结构中，有两个网络通过节点连接在一起，分别是控制网络和实验网络（Hermenier 等，2012）。控制网络用于控制网络文件系统和测试平台的磁盘加载任务。实验网络是一个独立的网络，可以根据用户对虚拟拓扑结构的要求进行重新配置。该网络靶场的重要操作实体之一是"实验"（Stoller 等，2008）。

如图 10.9 所示，Emulab 的实验生命周期步骤如下：

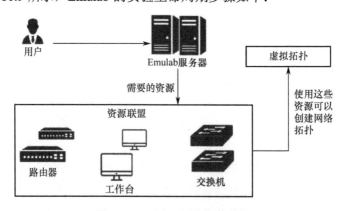

图 10.9　Emulab 网络拓扑结构

（1）对构建虚拟网络拓扑结构所需要的组件进行详细描述。这一步使用实验脚本完成，该脚本将同类型组件的不同使用情况设置为多个近似类型的组件，即为各种组件创建预定义的模板，这些模板是可配置、可重复使用、可自动部署的。其他用户可以使用实验脚本做类似的设置，以重现之前的实验数据。

（2）组件的换入。为了在 Emulab 中运行一次实验，需要将物理资源从资源池中实例化，这些物理资源以自动化方式进行分配和预留。这些组件返回到资源池过程称为换出。

（3）配置网络交换机。通过使用 VLAN 连接实验节点以重建虚拟拓扑结构，使用延迟、带宽和丢包策略来模拟网络连接情况。

（4）预先定义链路的抓包配置。这一步的目的是在释放平台资源之前，对网络进行监测。

10.2.3.2　架构

如图 10.10 所示，Emulab 的控制基础设施包括三种不同类型的主机。

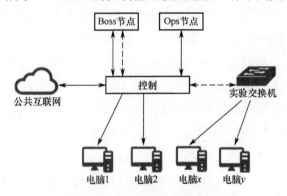

图 10.10　Emulab 控制基础设施

（1）Boss 节点主机：负责托管基础设施的基本组件，如 Web 服务器、数据库、boot、镜像以及 DNS 服务器等。也用来访问 VLAN 保护的组件，如 SNMP 接口。在换入和换出过程中，Boss 节点负责配置交换机。

（2）子 Boss 节点主机：由于大量安装的缘故，子 Boss 节点主机需要提供镜像和 boot 服务。为了避免两种类型节点之间的状态同步，子 Boss 节点主机提供只读服务。

（3）Ops 节点主机：负责为用户提供一个替代基本文件服务器的地方，并获取一个独立的实验 shell。还可充当堡垒主机，用户在到达实验网络的可控安全接口之前，需要在这里进行登录。

Emulab 网络靶场可以作为一个可靠的磁盘加载系统，为用户提供对物理系统的 root 访问权限。这些系统可重复用于不同实验，也可以根据实验要求使用 Boss 节点进行重新创建（Cutler 等，2010）。

10.2.4　DETER

10.2.4.1　简介

DETER 是由美国国土安全部（DHS）、国家科学基金会（NSF）和美国国防部（DoD）共同开发的网络安全领域的开放式实验平台，作为测试平台设施，用于发展推进网络安全基础设施、方法和工具的建设。自 2003 年建立以来，DETER 团体一直在持续开发先进的工具，并在其网站上公开提供（DETER 项目，2012）。在其最初阶段，也就是 2004 年开始运行时，DETER 项目的建设重点是物理和网络资源的匹配、网络测试平台操作软件的整合、现有工具的使用、用户接口定义和开发以及管理控制。

后来在 2007 年前后，DETERLab 设施用于开展蠕虫传播和防御、DDoS 防御、网络入侵威慑、BGP 路由攻击和恶意软件分析等研究。现在，DETERlab 技术可用于支持和实现恶意软件遏制、实验过程自动化和基准测试方面的研究工作。在第三阶段建设中，DETER 项目侧重于网络安全基础设施、实验设计、渗透工具方面的研究。目前，DETER 项目正处于第四阶段，由 SPAWAR（美海军空间和海战作战系统司令部，现更名为海军信息战中心）管理，进一步扩充网络安全研究人员数量，并帮助其他地区使用 DETERLab 开展相关研究工作。此外，来自 37 个教育机构的 157 个班级，覆盖近 10000 名学生，已经使用了 DETER 测试平台（DHS [Department of homeland security]，2012）。

10.2.4.2　DETERlab

DETERLab 为网络安全研究人员提供了一个先进、共享、科学的测试平台，同时也是集探索、开发、测试和实验等现代网络安全技术于一体的综合平台。DETERLab 通常用于行为分析和网络防御，包括蠕虫和僵尸网络、DDoS

攻击、行为检测和加密技术等。DETERLab 支持测试平台按需分配资源，包括并行实验，以及支持可扩展接口、工具和数据集，并建立了研究人员社区。

只要可部署，DETERLab 可以在不同地点提供海量的局域网络、广域网络，还可以利用计算设施按需整合第三方网络。DETERlab 使用现有的操作系统、虚拟机、网络仿真组件、模拟器以及应用软件对节点进行配置操作，用户可以通过本地和远程访问的方式控制节点。

DETERLab 提供下述功能以支持高可靠、可扩展、更复杂的实验项目，例如 SEER（安全实验环境）（Schwab 等，2007）。

（1）DETER 内核包括软硬件资源、接口、软件和人员支持。测试平台的核心资源是基于 Emulab 网络靶场开发的，具有基于 Web 的图形化用户界面，并通过图形化界面对实验室进行远程访问，控制实验过程，管理账户、第三方工具以及 MAGI 等。My DETERlab 是一个开源软件，由仪表板和命令行界面组成，开发人员会定期扩充可用资源的大小和规模，维护测试平台不断发展。

（2）多方案虚拟化有助于对大型复杂系统进行建模，并根据需求分配计算能力。实验可能需要不同的逼真度或扩展不同的资源，多方案虚拟化可在集群计算节点的帮助下对信息物理系统进行建模，并使用 DETER 功能进行系统仿真（Mirkovic 等，2010）。

（3）对人类行为的预测建模由 DASH 完成。由于人类活动对网络系统会产生影响，因此必须对其进行建模才能对安全资产进行准确评估。通过对终端用户、攻击者和防御者行为活动进行建模，有助于在涉及人类主体实验的现实和重复场景中，测试和探索新的软件或安全策略，减小对原始系统的影响。

（4）风险实验管理负责在实验中指定网关节点，针对特定流量类型的源和地址，启用沟通实验平台内外的特定通信路径。

（5）MAGI 用于管理实验工作流程。可以多次运行相同的工作流进行实验评估，将工作流程参数化，并通过原始流的派生来创建可选的工作流程。

10.2.4.3 架构

DETERLab 子系统包括 4 个主要组件。

（1）DETER 容器：如图 10.11 所示，DRTER 容器用于创建大规模的 DETERLab 拓扑结构，其核心部分包括 400 多台计算机（DETER documentation，

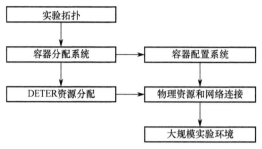

图 10.11　DETER 容器

2018）。容器有助于解决管理方面的复杂问题，使实验框架的构建变得更加容易（Benzel，2011）。如果一个拓扑结构需要更多系统支撑，用户可以使用模拟或虚拟化技术来实现拓扑结构。

容器可以帮助用户创建大规模的实验环境，为虚拟节点安装大量应用程序，并根据配置需求分配资源。

DETER 容器有三种类型，具有不同的逼真度和可扩展性。物理机提供完整的逼真度，每台物理机有一个容器。Qemu VM 提供虚拟硬件，每台机器有几十个容器。Openvz 容器提供分区资源，每台机器有数百个容器。

（2）DASH：用于在场景中模拟人类行为和决策，如对网络钓鱼邮件的响应或控制发电设备的决策。DASH 基于双程认知结构对观测行为进行建模。该系统由两个模块组成，其中：一个模块用于复制理性行为，并包含一个子模块，使用心理学模型进行行为预测和无功规划；另一个模块用于复制本能行为和推理行为。这些模块加在一起，可以复制人类在推理中的偏差，并描述时间压力和认知负荷对人类表现的影响。平台还提供 GUI 界面用于设置 DASH 代理参数和查看各模块运行状况。

（3）DETER 联邦：它是一种机制和模型，使创建的实验可在多种测试平台上运行。研究人员从其他测试平台获取相关资源，并在实验中使用。还可使用 ABAC（基于属性的访问控制）来构建授权扩展系统。

（4）MAGI：它是 DETERlab 的控制和通信系统，用于重复性实验，为用户提供对实验中众多组件的确定性控制。它还具备详细的日志功能，用于了解掌握实验的运行情况。MAGI 组件也被用于 GENI、mininet 和 Emulab 环境中（Hussain 等，2020）。

10.2.5　Virginia 网络靶场

10.2.5.1　简介

Virginia 网络靶场是美国弗吉尼亚州为改善提高学生在网络安全领域的学

习环境而创建的，由弗吉尼亚州教育机构组成的执行委员会管理，并由国家安全局指定为网络安全教育的学术卓越中心（Luth，2020）。该网络靶场的目标之一是让更多准备进入网络安全领域的学生接受更好的网络安全培训，开展研发、运营和研究等工作（Raymond，2021）。靶场认可教师的贡献，并联合实验室为学生提供一系列模块化课程（Kalyanam 等，2020）。Virginia 网络靶场具备以下功能：

（1）不需要安装特定的软件，学生可以通过网络浏览器访问靶场虚拟机。

（2）基于云架构，支持快速部署和扩展。

（3）支持夺旗竞赛和其他演习活动。

（4）弗吉尼亚州教育机构可以免费获取靶场资源。

（5）资源内容可通过网络门户访问获取。

（6）可按需提供虚拟环境。

（7）允许复制大规模目标网络，用于各种实时性实验。

Virginia 网络靶场可主持开展云上 CTF（夺旗）竞赛，并提供专用竞赛资源，用于比赛、练习、实验等（Knowledge Base，2019）。云上 CTF 有两个用户角色，分别是选手和管理员。CTF 管理员由机构教官组成，负责管理团队、控制权限、计分和管理比赛，还负责设定比赛目标，提高网络安全教育质量。CTF 选手主要由学生组成，任务是应对 CTF 管理员提出的安全挑战。这些挑战可以由管理员定制和创建，也可以来自云上 CTF 挑战库。CTF 选手可以向管理员咨询有关挑战的任何问题，还可以查看挑战情况、统计数据、个人表现以及其他团队的排名位置。

10.2.5.2 架构

美国弗吉尼亚理工大学与 AWS（亚马逊云计算服务）合作，开发基于云架构的网络靶场基础设施（AWS，2019），如图 10.12 所示。该网络靶场托管在公共云上，可有效降低成本并具备快速扩展功能。注册用户可以随时随地通过门户网站访问靶场及其资源，包括各种实验室环境，如取证、网络基础知识，以及 Ubuntu、Windows 和 Kali Linux 等操作系统的虚拟机。

用户可通过接入子网中的 Kali Linux 虚拟机来访问演习资源（默认情况下），该虚拟机通过代理使用 HTTP 和 HTTPs 方式连接访问互联网。靶场还允许学生运行 sudo 等命令安装软件包，并以 root 用户身份访问网页。下面给出靶场使用的各种虚拟机。

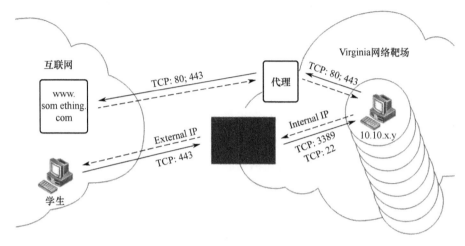

图 10.12　Virginia 网络靶场

（1）Kali Linux 虚拟机：使用 Xfce 桌面环境的基于 Debian Kali 的桌面化系统，包含多种网络安全研究和测试工具。

（2）Windows 虚拟机：在 Windows Server 2016 上安装 Windows 10 系统，是独立运行在虚拟子网中的 Windows 虚拟机。

（3）Ubuntu Linux 虚拟机：使用 Xfce 桌面环境的一个 Ubuntu 16.04 的桌面化系统。

（4）Vulnerable Web 服务器：基于 LAMP 的 Web 服务器，运行 DVWA(非常脆弱的 PHP/MySQL Web 应用程序)，用于教学入门级的 Web 应用程序安全和渗透测试。

（5）Samba 服务器：一个虚拟机操作软件，是 Samba 4.6.0 版本的一个脆弱、过时的版本。在网络演习或培训中，该服务器的某些服务可以被红队加以利用。

（6）文件服务器：该虚拟机运行 vsftpd 服务。在网络演习中，文件服务器被用于匿名用户的目录遍历、红队的匿名登录等。

Virginia 网络靶场还为教育工作者提供了一个庞大的课件库（Virginia Tech，2019），以及一个用于开展网络演习和实验的基于云托管的培训场（VCR，

2019）。该靶场还提供涵盖初级到高级、复杂主题的演习科目目录，如密码学、密码检测、取证、缓冲区溢出攻击、服务器加固、网络侦察、事件响应和探测扫描等（VCR Knowledge Base，2019）。网络基础知识实验室提供包括网络应用安全、密码学、密码审计、网络扫描和网络侦察等在内的入门级练习。取证实验室使用 SANS SIFT 工作站，由开源取证和事件响应工具组成，用于开展综合数字取证分析，包括内存、浏览器、Windows 注册表、Windows 日志和网络等方面的取证分析。

10.2.6 基于仿真的学术领域网络靶场比较

本节重点总结了以上讨论的网络靶场所有优点（表 10.3）和特点（表 10.4）。

表 10.3 基于仿真的学术网络靶场优点

VCSTC	LARIAT	Emulab	DETER	Virginia 靶场
• 一种功能强大的混合仿真系统，可将物理资源和虚拟化技术有效整合 • 为测试平台提供高逼真度的仿真能力 • 支持多达 1000+ 仿真节点 • 测试用例使用支持库编译成一个可执行的二进制文件 • 所有测试用例、网络模型都能够被仿真，并存储在数据库中	• 用户友好型网络靶场 • 支持自动化执行仿真 • 可配置、可即时部署、用户友好型测试平台 • 采用分布式方式，可在多个地点进行操作 • 允许用户检查采集的数据，如攻击日志、有效攻击、攻击结果和个人表现等	• 具备真实硬件的仿真能力，并与软件有效结合，具有可扩展性，支持验证实验仿真结果 • 可留存大量的用户交互日志，包括以前失败的原始数据 • Emulab 的局限性为其他测试平台如 DETER 和 GENI 等的改进设计提供了价值参考 • 使用延迟、带宽和丢包策略来模拟网络连接情况 • 可在同一个实验框架下采用通用接口接入不同的网络设备	• 运维周期短 • 可为评估演练、政策、程序等提供逼真的仿真环境 • 大规模的物理测试平台，拥有复杂的仿真环境和模拟能力，帮助研究人员开展技术性实验，如快速按需部署网络攻击 • 只要可部署，DETERLab 可以在不同地点提供海量的局域网络和广域网络 • DETERLab 研究包括蠕虫传播和防御、DDoS 防御、网络入侵威慑、BGP 路由攻击和恶意软件分析等内容	• 支持举办云上 CTF（夺旗）比赛 • 有助于扩大 NSA（国家安全局）/DHS（国土安全局）CAE（计算机辅助工程）认证在弗吉尼亚州教育机构中的影响 • 教官可以根据网络演习目标定制化虚拟环境 • 弗吉尼亚州教育机构可以免费获取靶场资源 • 软件安装没有特定要求，学生可以通过任意浏览器访问靶场虚拟机

表 10.4　基于仿真的学术网络靶场特点

VCSTC	LARIAT	Emulab	DETER	Virginia 靶场
• 提供轻量级、灵活性并且可扩展的测试平台设施 • 支持按照用户需求自动化配置网络节点 • 融入最新的安全测试平台解决方案 • 靶场网络模型可重复使用，且不依赖任何特定设备 • 仿真的网络主要是混合网络，包括各种网络接口	• 图形化用户界面改善了测试规范和控制方式，如软件部署、故障排除、以及控制监测等 • 仿真系统的所有数据存储在一个 XML 文件中，而且是可配置和可移植的 • 通过仿真能够产生真实的用户流量 • 虚拟用户由马尔可夫模型驱动，每个用户具有不同角色，与应用程序、环境和其他用户交互	• 在 Emulab 的物理拓扑结构中，有两个网络通过节点连接在一起，分别是控制网络和实验网络 • 协助创建各种组件的预置模板，可重复使用、自动部署且可配置 • 从可用组件池中自动预留和分配所需的物理资源 • 靶场可视为一个可靠的磁盘加载系统	• DETERLab 具有图形化显示界面，可通过 Web 方式实现对实验室远程访问，控制实验过程，管理账户、第三方工具以及 MAGI 等 • DETERLab 网络靶场实质是一个开源软件，包括仪表盘和命令行界面 • DETERLab 靶场可以在集群计算节点的帮助下对信息物理系统进行建模，并使用 DETER 功能进行系统仿真 • MAGI 可以多次运行相同的工作流进行实验评估，将工作流程参数化，并通过原始流的派生来创建可选的工作流程 • 有三种类型的 DETER 容器，具有不同的逼真度和扩展性	• Virginia 网络靶场与 AWS 合作，开发基于云架构的靶场基础设施 • 靶场包含各种实验环境，如取证、网络基础知识等 • 支持运行 Ubuntu、Windows 和 Kali Linux 等操作系统虚拟机 • 虚拟机通过代理使用 HTTP 和 HTTPs 方式连接访问互联网 • 允许学生运行 sudo 等命令安装软件包，并以 root 用户身份访问网页 • 靶场提供容量庞大的课件库 • 网络基础知识实验室提供包括网络应用安全、密码学、密码审计、网络扫描和网络侦察等在内的入门级练习

参 考 文 献

Airbus [online], 2020. Available from: https://www.concordia-h2020.eu/airbus-cyber-range/ [Accessed 07 May 2021].

AWS, Public Sector Blog Team, 2019. Virginia tech launches U.S. Cyber Range to support cyber-security education nationwide [online]. Available from: https://aws.amazon.com/blogs/publicsector/virginia-tech-launches-u-s-cyber-range-to-support-cybersecurity-education-nationwide/ [Accessed 25 April 2021].

Benzel, T., 2011. The science of cyber security experimentation: the DETER project. In: Proceedings of the 27th Annual Computer Security Applications Conference, 5–9 December 2011 Orlando. New York: ACM, 137–148.

Brown, B., Cutts, A., McGrath, D., Nicol, D. M., Smith, T. P., Tofel, B., 2003. Simulation of cyber attacks with applications in homeland defense training. Sensors, and Command, Control, Communications, and Intelligence (C3I) Technologies for Homeland Defense and Law Enforcement II, 5071(1), 63–71.

Chang, X., 1999, December. Network simulations with OPNET. In: WSC'99. 1999 Winter Simulation Conference Proceedings, 5–8 December 1999 Phoenix. New York: IEEE, 307–314.

Chi, S. D., Park, J. S., Jung, K. C., Lee, J. S., 2001. Network security modeling and cyber attack simulation methodology. In: Australasian Conference on Information Security and Privacy, 11–13 July 2001 Sydney. Switzerland: Springer, 320–333.

CODE [online], 2020. Available from: https://www.concordia-h2020.eu/code-cyber-range/ [Accessed 07 May 2021].

Cohen, F., 1999. Simulating cyber attacks, defences, and consequences. Computers & Security, 18(1), 479–518.

Cutler, C., Hibler, M., Eide, E., Ricci, R., 2010. Trusted disk loading in the Emulab Network Testbed. In: USENIX CSET'10, 11-13 August 2010 Washington. California: USENIX, 1–8.

DASH User Guide [online]. Available from: https://deter-project.org/sites/deter-test.isi.edu/files/files/dash_users_guide.pdf [Accessed 24 April 2021].

DETER documentation, 2018. Containers Quickstart [online]. Available from: https://docs.deterlab.net/containers/containers-quickstart/ [Accessed 24 April 2021].

DETER project [online], 2012. Available from: https://deter-project.org/[Accessed 24 April 2021].

DHS (Department of Homeland Security), 2012. DETER [online]. Available from: https://

www.dhs.gov/science-and-technology/deter [Accessed 24 April 2021].

Eide, E., Stoller, L., Stack, T., Freire, J., Lepreau, J., 2006. Integrated scientific workflow management for the Emulab Network Testbed. In: USENIX Annual Technical Conference, General Track, 1-3 June 2006 Boston. California: USENIX, 363–368.

Feller, A. 2020. CONCORDIA releases an open-source Cyber Range platform! [online]. Available from: https://cybercompetencenetwork.eu/1563-2/ [Accessed 06 May 2021].

Greenspan, R., Laracy, J. R., Zaman, A., 2004. Real-time Immersive Network Simulation Environment (RINSE). Software Architecture, UIUC, Urbana, 1(1), 1–39.

Hermenier, F., Ricci, R., 2012. How to build a better testbed: Lessons from a decade of network experiments on Emulab. In: International Conference on Testbeds and Research Infrastructures, 11–13 June 2012 Thessaloniki. Switzerland: Springer, 287–304.

Hussain, A., Jaipuria, P., Lawler, G., Schwab, S., Benzel, T., 2020. Toward Orchestration of Complex Networking Experiments. In: 13th {USENIX} Workshop on Cyber Security Experimentation and Test ({CSET} 20), 10 August 2020 [online]. California: USENIX, 1–10.

Kalyanam, R., Yang, B., Willis, C., Lambert, M., Kirkpatrick, C., 2020. CHEESE: Cyber Human Ecosystem of Engaged Security Education. In: 2020 IEEE Frontiers in Education Conference (FIE), 21-24 October 2020 Uppsala. New York: IEEE, 1–7.

Knowledge Base, 2019. Cloud CTF Overview [online]. Available from: https://kb.virginiacyberrange. org/cloud-ctf-player/cloud-ctf-overview.html [Accessed 25 April 2021].

Leblanc, S. P., Partington, A., Chapman, I. M., Bernier, M., 2011. An overview of cyber attack and computer network operations simulation. SpringSim (MMS), 1(1), 92–100.

Liljenstam, M., Liu, J., Nicol, D., Yuan, Y., Yan, G., Grier, C., 2005. Rinse: The real-time immersive network simulation environment for network security exercises. In: Workshop on Principles of Advanced and Distributed Simulation (PADS'05), 3-1 June 2005 Monterey. New York: IEEE, 119–128.

Luth, N., 2020. VIRGINIA CYBER RANGE [online]. Available from: https://www.vtcrc.com/ tenant-stories/vcr_may2020/ [Accessed 25 April 2021].

Mirkovic, J., Benzel, T. V., Faber, T., Braden, R., Wroclawski, J. T., Schwab, S., 2010. The DETER project: Advancing the science of cyber security experimentation and test. In: 2010 IEEE International Conference on Technologies for Homeland Security (HST), 8-10 November 2010 Waltham. New York: IEEE, 1–7.

OPNET PROJECTS TEAM, 2005. OPNET projects [online]. Available from: https://opnetprojects. com/ [Accessed 24 April 2021].

Pan, J., Jain, R., 2008. A survey of network simulation tools: Current status and future developments.

JSTOR, 2(4), 45.

Park, J. S., Lee, J. S., Kim, H. K., Jeong, J. R., Yeom, D. B., Chi, S. D., 2001. Secusim: A tool for the cyber-attack simulation. In: International Conference on Information and Communications Security, 13-16 November 2001 Xi'an. Switzerland: Springer, 471–475.

Pederson, P., Lee, D., Shu, G., Chen, D., Liu, Z., Li, N., Sang, L., 2008. Virtual cyber-security testing capability for large scale distributed information infrastructure protection. In: 2008 IEEE Conference on Technologies for Homeland Security, 12–13 May 2008 Waltham. New York: IEEE, 372–377.

Raymond, D., 2021. Virginia Cyber Range [online]. Available from: https://it.vt.edu/administration/units/virginiacyberrange.html [Accessed 25 April 2021].

RISE [online], 2020. Available from: https://www.concordia-h2020.eu/rise-cyber-range/ [Accessed 07 May 2021].

Rossey, L. M., Cunningham, R. K., Fried, D. J., Rabek, J. C., Lippmann, R. P., Haines, J. W., Zissman, M. A., 2002. LARIAT: Lincoln adaptable real-time information assurance testbed. In: Proceedings, IEEE aerospace conference, 9–6 March 2002 Big Sky. New York: IEEE, 6–15.

Schwab, S., Wilson, B., Ko, C., & Hussain, A. 2007. Seer: A security experimentation environment for deter. In: Proceedings of the DETER Community Workshop on Cyber Security Experimentation and Test on DETER Community Workshop on Cyber Security Experimentation and Test 2007, 6–7 August 2007 Boston. New York: ACM, 1–2.

Sethi, A. S., Hnatyshin, V. Y., 2012. The practical OPNET user guide for computer network simulation. Florida: CRC Press.

Shu, G., Chen, D., Liu, Z., Li, N., Sang, L., Lee, D., 2008. VCSTC: Virtual cyber security testing capability—An application oriented paradigm for network infrastructure protection. In: Testing of Software and Communicating Systems, 10–13 June 2008 Tokyo. Switzerland: Springer, 119–134.

Stoller, M. H. R. R. L., Duerig, J., Guruprasad, S., Stack, T., Webb, K., Lepreau, J., 2008. Large-scale virtualization in the Emulab Network Testbed. In: USENIX Annual Technical Conference, 25–27 June 2008 Boston. California: USENIX, 255–270.

The CONCORDIAns [online], 2020. Available from: https://www.concordia-h2020.eu/consortium/ [Accessed 06 May 2021].

Tncy [online], 2020. TELECOM Nancy CYBER RANGE [online]. Available from: https://www.concordia-h2020.eu/tncy-cyber-range/ [Accessed 07 May 2021].

Valtenberg, U., Matulevicˇius, R., 2017. Federation of Cyber Ranges. Thesis (Master's). University of TARTU.

VCR Knowledge Base, 2019. Exercise Environment Catalog [online]. Available from: https://vacr.supportbee.io/450-virginia-cyber-range-knowledge-base/1081-resources/2418-exercise-environment-catalog [Accessed 25 April 2021].

VCR [online] 2019. Available from: https://www.virginiacyberrange.org/ [Accessed 25 April 2021].

Virginia Tech, 2019. Courseware [online]. Available from: https://www.virginiacyberrange.org/courseware [Accessed 25 April 2021].

Wabiszewski, M.G., Andel, T. R., Mullins, B. E., Thomas, R. W., 2009. Enhancing realistic hands-on network training in a virtual environment. In: Proceedings of the 2009 Spring Simulation Multiconference, 22–27 March 2009 San Diego. New York: ACM, 1–8.

缩略语表

第 1 章

AI	Artificial Intelligence	人工智能
APT	Advanced Persistent Threat	高级持续性威胁
AWS	Amazon Web Services	亚马逊云计算服务
CE	Cybersecurity Exercise	网络演习
CPS	Cyber Physical System	信息物理系统
CR	Cyber Range	网络靶场
CRaaS	Cyber Range as a Service	网络靶场即服务
CSA	Cyber Situational Awareness	网络态势感知
GSA	Government Security Agencies	政府安全机构
ICS	Industrial Control Systems	工业控制系统
IDs	Intrusion Detections	入侵检测
IoT	Internet of Things	物联网
IPS	Intrusion Prevention Systems	入侵防御系统
IT	Information Technology	信息技术
NAT	Network Address Translation	网络地址转换
SA	Situational Awareness	态势感知
SCADA	Supervisory Control and Data Acquisition	数据采集与监视控制系统
SVN	Software Virtual Network	软件虚拟网络
VM	Virtual Machine	虚拟机
VoIP	Voice over Internet Protocol	网络电话
VPC	Virtual Private Cloud	虚拟私有云

第 2 章

AMI	Amazon Machine Images	亚马逊云机器镜像
API	Application Programming Interface	应用程序编程接口
AWS	Amazon Web Service	亚马逊云计算服务
BIOS	Basic Input/Output System	基本输入/输出系统
CLI	Command Line Interface	命令行界面
CPU	Central Processing Unit	中央处理器

CR	Cyber Range	网络靶场
CSE	Cyber Security Exercise	网络演习
DoS	Denial of Service	拒绝服务
EBS	Elastic Block Store	弹性块存储
EC2	Elastic Compute Cloud	弹性计算云
ESX	Elastic Sky X	VMware 的企业级虚拟化产品
HTML	Hyper Text Markup Language	超文本标记语言
HTTP	Hyper Text Transfer Protocol	超文本传输协议
IaaS	Infrastructure as a Service	基础设施即服务
ISEAGE	Internet-Scale Event and Attack Generation Environment	互联网规模网络事件和攻击生成环境
IT	Information Technology	信息技术
KVM	Kernel-based Virtual Machine	基于内核的虚拟机
MB	Megabytes	兆字节
MHz	Megahertz	兆赫兹
MITM	Man in the Middle	中间人
OS	Operating System	操作系统
PHIL	Power Hardware-in-the-Loop	功率硬件在环
PRIME	Parallel Real-Time Immersive network Modeling Environment	并行实时沉浸式网络建模环境
RBAC	Role-Based Access Control	基于角色的访问控制
RTDS	Real-Time Digital Simulator	实时数字模拟器
SCADA	Supervisory Control and Data Acquisition	数据采集与监视控制系统
SSF	Scalable Simulation Framework	可扩展模拟框架
SSH	Secure Shell	安全外壳（协议）
VM	Virtual Machine	虚拟机
VMM	Virtual Machine Monitor	虚拟机监视器

第 3 章

ACS	Automation Controls System	自动化控制系统
AI	Artificial Intelligence	人工智能
AIS	Automatic Identification System	船舶自动识别系统
APT	Advanced Persistent Threat	高级持续性威胁
ARC	Autonomous Response Controller	自主响应控制器
C-FLAT	Control-Flow Attestation	流量控制认证
CMM	Competitive Markov Model	竞争型马尔科夫模型
CPS	Cyber Physical System	信息物理系统
CR	Cyber Range	网络靶场
CRAMM	Central Computer and Telecommunications Agency Risk Analysis and Management Method	（英国）中央计算机与电信局风险分析与管理方法

DoS	Denial of Service	拒绝服务
DPI	Deep Packet Inspection	深度包检测
ECDIS	Electronic Chart Display and Information System	电子海图显示与信息系统
HMI	Human Machine Interface	人机界面
ICS	Industrial Control System	工业控制系统
IT	Information Technology	信息技术
MITM	Man in the Middle Attack	中间人攻击
ML	Machine Learning	机器学习
OCTAVE	Operationally Critical Threat and Vulnerability Evaluation	可操作的关键威胁和脆弱性评估
O&G	Oil and Gas	石油和天然气
OS	Operating System	操作系统
OT	Operational Technology	运营技术
PLC	Programmable Logic Controller	可编程逻辑控制器
RTU	Remote Terminal Unit	远程终端单元
SA	Situational Awareness	态势感知
SCADA	Supervisory Control and Data Acquisition	数据采集与监视控制系统
SOC	Security Operation Center	安全运营中心
SWAT	Secure Water Treatment	安全水处理
WADI	Water Distribution	水分配
WSS	Water Supply Systems	供水系统

第 4 章

ADC	Analog to Digital Converter	模拟数字转换器
API	Application Programming Interface	应用程序编程接口
BCS	Baltic Cyber Shield	波罗的海网络盾牌演习
CCU	Central Control Unit	中央控制单元
CIP	Common Industrial Protocol	通用工业协议
CLI	Command Line Interpreter	命令行界面
CPS	Cyber Physical System	信息物理系统
CR	Cyber Range	网络靶场
CRaaS	Cyber Range as a Service	网络靶场即服务
CSE	Cyber Security Exercise	网络演习
CTTP	Cyber Threat and Training Preparation	网络威胁和训练准备（模型）
DAC	Digital to Analog Converter	数字模拟转换器
DMZ	Demilitarized Zone	隔离区
DNP3	Distributed Network Protocol 3	分布式网络规约 3.0

DNS	Domain Name System	域名解析系统
ER	Elevated Reservoir	高架水柜
EVA	Emulatore di Vero Acquedotto	用于对供水系统网络进行建模的网络靶场
FOI	Swedish Defence Research Agency	瑞典国防研究所
GUI	Graphical User Interface	图形用户界面
HIL	Hardware-in-Loop	硬件在环
HMI	Human Machine Interfaces	人机界面
ICS	Industrial Control System	工业控制系统
IEC	International Electrotechnical Commission	国际电工委员会
IO	Information Operation	信息战
IT	Information Technology	信息技术
IWAR	Information Warfare Analysis and Research	信息战分析与研究实验室
MAC	Media Access Control	媒体访问控制
NIST	National Institute of Standards and Technology	（美国）国家标准技术研究院
OFS	Overlay File System	叠加文件系统
OS	Operating System	操作系统
OSI	Open Systems Interconnection Model	开放系统互联模型
OT	Operational Technology	运营技术
PI	Plant Information	PI 数据库
PLC	Programmable Logic Controller	可编程逻辑控制器
RINSE	Real-time Immersive Network Simulation Environment	实时沉浸式网络模拟环境
RO	Reverse Osmosis	反渗透
SAP	Security Assurance Platform	安全保障平台
SCADA	Supervisory Control and Data Acquisition	数据采集与监视控制系统
SDN	Software-Defined Networking	软件定义网络
SVN	Software Virtual Network	软件虚拟网络
SWAT	Secure Water Treatment	安全水处理
TCP/IP	Transmission Control Protocol/Internet Protocol	传输控制协议/网间协议
UF	Ultra Filtration	超滤
USB	Universal Serial Bus	通用串行总线
USMA	United States Military Academy	美国陆军军官学校
VM	Virtual Machine	虚拟机
VPN	Virtual Private Network	虚拟专用网络
WADI	Water Distribution	水分配
WC	Wrapper Controller	封装控制器
WDI	Wrapper Data & Interconnection	封装数据和互联
WSS	Water Supply System	供水系统

第 5 章

BMSL	Behavioral Monitoring Specification Language	行为监控规范语言
CR	Cyber Range	网络靶场
GPL	General Public License	通用公共许可证
IA	Information Assurance	信息保障
I/O	Input/Output	输入/输出
IoT	Internet of Things	物联网
IT	Information Technology	信息技术
MBSA	Microsoft Baseline Security Analyzer	微软基线安全分析器
O&G	Oil and Gas	石油和天然气
OS	Operating Systems	操作系统
RA	Router Advertisement	路由器通告
SAML	Security Assertion Markup Language	安全断言标记语言
SEE	Secure Execution Environment	安全可执行环境
SOAP	Simple Object Access Protocol	简单对象访问协议
SSL	Secure Sockets Layer	安全套接层
VAPT	Vulnerability Assessment and Penetration Testing	脆弱性评估和渗透测试
WSDL	Web Services Description Language	Web 服务描述语言
WSS	Water Supply System	供水系统
XML	Extensible Markup Language	可扩展标记语言
XSS	Cross-Site Scripting	跨站脚本

第 6 章

BCS	Baltic Cyber Shield	波罗的海网络盾牌演习
CCDCoE	Cooperative Cyber Defence Centre of Excellence	（北约）合作网络防御卓越中心
CDX	Cyber Defense Exercise	网络防御演习
CE	Cybersecurity Exercise	网络演习
CR	Cyber Range	网络靶场
CTF	Capture the Flag	夺旗赛
DOA	Defense Oriented Approach	面向防御的方法
IP	Internet Protocol	网际互连协议
IT	Information Technology	信息技术
NATO	North Atlantic Treaty Organization	北大西洋公约组织
OOA	Offense Oriented Approach	面向进攻的方法
RAM	Random Access Memory	随机存取存储器
SA	Situational Awareness	态势感知

| SCADA | Supervisory Control and Data Acquisition | 数据采集与监视控制系统 |
| SOC | Security Operations Centre | 安全运营中心 |

第 7 章

AODV	Adhoc On-Demand Distance Vector	无线自组网按需平面距离向量路由协议
API	Application Programming Interface	应用程序编程接口
CLI	Command Line Interface	命令行界面
CR	Cyber Range	网络靶场
DETER	Defense Technology Experimental Research	防御技术实验研究平台
DoS	Denial of Service	拒绝服务
DSDV	Destination Sequenced Distance Vector	目标序列距离向量路由协议
DSR	Dynamic Source Routing	动态源路由协议
FIFO	First In First Out	先进先出
HAN	Home Area Network	家域网
IA	Information Assurance	信息保障
IO	Information Operation	信息战
JOR	Joint Information Operation Range	（美国）联合信息作战靶场
JSIM	Java-based Simulation	基于 Java 的模拟环境
NCR	National Cyber Range	（美国）国家网络空间靶场
NS2	Network Simulator version 2	NS2 网络模拟器
NS3	Network Simulator version 3	NS3 网络模拟器
OLSR	Optimized Link State Routing	优化链路状态路由协议
OS	Operating System	操作系统
OTcl	Object Tool Command Language	一种面向对象的程序设计语言
PARSEC	PaRallel Simulation Environment for Complex systems	复杂系统的并行模拟环境
PLC	Programmable Logic Controller	可编程逻辑控制器
QoS	Quality of Service	服务质量
SEC	Shell Executable Command	Shell 可执行命令
SUT	System under Test	被试系统
TCP	Transmission Control Protocol	传输控制协议
UAS	Unmanned Aerial Systems	无人机系统
UDP	User Datagram Protocol	用户数据报协议
UGS	Unmanned Ground System	地面无人系统
VINT	Virtual Inter Network Testbed	虚拟互联网络测试平台
WAN	Wide Area Network	广域网
WiMAX	Worldwide Interoperability for Microwave Access	全球微波互联接入

第 8 章

API	Application Programming Interface	应用程序编程接口
CLI	Command Line Interface	命令行界面
CR	Cyber Range	网络靶场
DNS	Domain Name System	域名解析系统
ETTD	Estimated Time to Detection	检测预估时间
ETTR	Estimated Time to Recovery	恢复预估时间
GUI	Graphical User Interface	图形用户界面
HMI	Human Machine Interface	人机界面
IaC	Infrastructure as Code	基础设施即代码
IDS	Intrusion Detection System	入侵检测系统
IP	Internet Protocol	网际互连协议
IPAM	IP Address Management	IP 地址管理
IPS	Intrusion Prevention System	入侵防御系统
LAN	Local Area Network	局域网
MTTC	Mean Time to Compromise	平均威胁时间
MTTP	Mean Time to Privilege Escalation	平均提升特权时间
NTF	Network Traffic Flow	网络流量
OS	Operating System	操作系统
SCCS	Source Code Control Systems	源代码控制系统
VM	Virtual Machine	虚拟机
VPN	Virtual Private Network	虚拟专用网络

第 9 章

AAR	After Action Report	事后评估
ANTS	Automated Network Traffic Synthesizer	自动网络流量合成器
ATMS	Automated Testing Measurement System	自动测试测量系统
BFN	Blue Force Network	蓝军网络
CAAJED	Cyber and Air Joint Effects Demonstration	网络和空中联合效应演示
CAD	Cyber Attack and Defense	网络攻防
CAT	Coordinated Attack Tool	协同攻击工具
CCDCoE	Cooperative Cyber Defence Centre of Excellence	北约合作网络防御卓越中心
CD	Compact Disk	光盘
CE	Cybersecurity Exercise	网络演习
CEMAT	Consolidated Exercise Metrics Analysis	综合演习指标分析工具
CKIM	Cyber/Kinetic Inference Model	网络/动能推理模型
CNA	Computer Network Attack	计算机网络攻击

CND	Computer Network Defense	计算机网络防御
CNE	Computer Network Exploitation	计算机网络渗透
CNO	Computer Network Operation	计算机网络作战
COCOM	Combatant-Command	作战司令部
CR	Cyber Range	网络靶场
C2	Command and Control	指挥控制
DARPA	Defense Advanced Research Projects Agency	（美国）国防部高级研究计划局
DoD	Department of Defense	（美国）国防部
DoDCSR	DoD Cybersecurity Range	（美国）国防部网络安全靶场
DoS	Denial of Service	拒绝服务
EW	Electronic Warfare	电子战
GUI	Graphical User Interface	图形用户界面
IA	Information Assurance	信息保障
ID	Intrusion Detection	入侵检测
IO	Information Operation	信息战
IOR	Information Operation Range	信息作战靶场
IP	Internet Protocol	网际互连协议
IPS	Intrusion Prevention System	入侵防御系统
IT	Information Technology	信息技术
IWAR	Information Warfare Analysis and Research	信息战分析与研究实验室
JCOR	Joint Cyber Operations Range	（美国）联合网络空间作战靶场
JFCOM	Joint Forces Command	（美国）联合参谋部
JIOR	Joint IO Range	（美国）联合信息作战靶场
JRSS	Joint Regional Security Stack	联合区域安全栈
JTF	Joint Task Force	（美国）联合特遣部队
LVC	Live Virtual Constructive	真实、虚拟、构造
MAC	Media Access Control	媒体访问控制
MACR	Military Academy Cyber Range	军事院校网络靶场
MAP	Modern Air Power	现代空军（一款游戏）
MCR	Military Cyber Range	军事网络靶场
MUTT	Multi-User Training Tool	多用户培训工具
NATO	North Atlantic Treaty Organization	北大西洋公约组织
NCR	National Cyber Range	（美国）国家网络空间靶场
NTA	Network Traffic Agent	网络流量代理
NTF	Network Traffic Flow	网络流量
NTS	Network Traffic Scenario	网络流量场景
PaaS	Platform as a Service	平台即服务
RGI	Range Global Internet	全球互联网（模拟器）

SAB	Scientific Advisory Board	科学咨询委员会
SAST	Security Assessment Simulation Toolkit	安全评估仿真工具包
SEAL	Secure Environment for Accelerated Learning	快速学习安全环境
SECOT	Simulated Enterprise for Cyber Operations Training	网络作战培训企业级模拟
SGI	Silicon Graphics	（美国）硅图公司
SIMTEX	Simulator Training and Exercises	（美国空军）训练演习模拟器
SLAM-R	Sentinel Legion AutoBuild Myrmidon-Reconstitution	SIMTEX 模拟器的一个功能组件
SNA	Simulated Network Architecture	网络架构模拟
SVN	Software Virtual Network	软件虚拟网络
TCP	Transmission Control Protocol	传输控制协议
TRMC	Test Resource Management Centre	（美国）试验资源管理中心
UCS	Unified Computing System	统一计算系统
USAF	United States Air Force	美国空军
USMA	United States Military Academy	美国陆军军官学校
VM	Virtual Machine	虚拟机
VPN	Virtual Private Network	虚拟专用网络
XML	Extensible Markup Language	可扩展标记语言

第 10 章

ABAC	Attribute-Based Access Control	基于属性的访问控制
ACR	Academic Cyber Range	学术领域网络靶场
API	Application Programming Interface	应用程序编程接口
AWS	Amazon Web Services	亚马逊云计算服务
CNO	Computer Network Operation	计算机网络作战
CONCORDIA	Cybersecurity competence for Research and Innovation	网络安全能力研究与创新（欧盟地平线计划资助项目）
CPU	Central Processing Unit	中央处理器
CR	Cyber Range	网络靶场
CTF	Capture the Flag	夺旗赛
DARPA	Defense Advanced Research Projects Agency	（美国）国防部高级研究计划局
DASH	Deter Agents Simulating Humans	模拟人类行为代理（DETER 组件）
DDoS	Distributed Denial of Service	分布式拒绝服务
DETER	Defense Technology Experimental Research	防御技术实验研究平台
DEVS	Discrete Event System Specification	离散事件系统规范
DHS	Department of Homeland Security	（美国）国土安全部
DNS	Domain Name System	域名解析系统
DoD	Department of Defense	（美国）国防部
DVWA	Damn Vulnerable Web Application	非常脆弱的 PHP/MySQL Web 应用程序

EUH	European Union Horizon	欧盟地平线
FIFO	First-In First-Out	先进先出
GUI	Graphical User Interface	图形用户界面
HNS	Hybrid Network Simulation	混合型网络模拟（服务器）
HTTP/HTTPs	HyperText Transfer Protocol/ HyperText Transfer Protocol Secure	超文本传输协议/超文本传输安全协议
LAMP	Linux, Apache, MySQL, PHP	—
LARIAT	Lincoln Adaptable Real-time Information Assurance Testbed	林肯适应性实时信息保障试验床
MAGI	Montage AGent Infrastructure	蒙太奇代理基础设施（DETER 组件）
MB	Model Base	模型库
NSF	National Science Foundation	（美国）国家科学基金会
OPNET	Optimized Network Engineering Tool	OPNET 网络模拟工具
RINSE	Real-time Immersive Network Simulation Environment	实时沉浸式网络模拟环境
RISE	Research Institutes of Sweden	瑞典研究院
SCADA	Supervisory Control and Data Acquisition	数据采集与监视控制系统
SDM	Simulator Database Manager	数据库管理模拟器
SEER	Security Experimentation Environment	安全实验环境
SES	System Entity Structure	系统实体结构
SNMP	Simple Network Management Protocol	简单网络管理协议
SQL	Structured Query Language	结构化查询语言
TDL	Test Description Language	测试描述语言
UML	Unified Modeling Language	统一建模语言
USAF	United States Air Force	美国空军
VCSTC	Virtual Cyber-Security Testing Capability	虚拟网络安全测试能力（靶场）
VLAN	Virtual Local Area Network	虚拟局域网
VM	Virtual Machine	虚拟机
XML	Extensible Markup Language	可扩展标记语言

术语表

A

AAR	（事后评估）	总结所有事件的综合反馈报告
ABAC	（基于属性的访问控制）	根据属性授予用户相应访问权限的一种访问控制范式
ACS	（自动化控制系统）	将制造工厂内的装置和相关设备进行综合控制
ADC	（模拟数字转换器）	将模拟信号转换为数字形式
AI	（人工智能）	计算机科学的一个分支，专注于创造能够处理数据并自行做出适当决策的智能机器
AIS	（船舶自动识别系统）	追踪船舶航迹的自动化系统
AMI	（亚马逊云机器镜像）	为加载实例提供必要的信息
ANTS	（自动网络流量合成器）	用于重新创建网络、用户和设备
AODV	（无线自组网按需平面距离向量路由协议）	用于设计移动自组网和无线网络的路由协议
API	（应用程序编程接口）	实现两个应用程序间相互通信
APT	（高级持续性威胁）	先进的攻击战术和漏洞利用技术，具有高度的隐蔽性和复杂性
ARC	（自主响应控制器）	能够在没有任何外部干预的情况下长时间执行控制功能的一组硬件和软件
ATMS	（自动测试测量系统）	为操作人员提供相关模拟状态的不间断地检测能力，并收集指标进行分析
AWS	（亚马逊云计算服务）	亚马逊的子公司，以现收现付的方式向客户提供即时的云计算平台和 API 服务

B

BCS	（波罗的海网络盾牌演习）	多国网络防御演习
BFN	（蓝军网络）	受干扰带宽影响或干预服务指标
BIOS	（基本输入/输出系统）	用于在计算机启动过程中执行硬件初始化操作，并为操作系统和其他程序提供运行服务的固件
BMSL	（行为监控规范语言）	用于记录行为并将其存储在策略数据库中

C

CAAJED	（网络和空中联合效应演示）	一个由美国空军资助的项目，用于研究先进的网络战
CAD	（网络攻防）	用于存放拒绝服务、信道扫描、无线电干扰和防火墙模型等网络攻击和防御的工具库
CCDCoE	（北约合作网络防御卓越中心）	北约卓越中心之一，位于爱沙尼亚首都塔林
CCU	（中央控制器）	在网络基础设施中，作为无线云网关和主要用户接口提供服务
CD	（光盘）	一种数字的光信息存储载体
CDX	（网络防御演习）	国家安全部门组织的，不同团队开展设计、防御、实施和管理网络的年度竞赛
CE	（网络演习）	训练网络安全相关概念的有效途径
CEMAT	（综合演习指标分析工具）	SAST 网络靶场工具，提供跟踪和测量安全性能的能力
C-FLAT	（流量控制认证）	允许在没有源代码的情况下，对应用程序的流量控制路径进行远程验证
CIP	（通用工业协议）	适用于工业自动化和相关应用程序的协议
CKIM	（网络/动能推理模型）	在网络和空中联合效应演示（美国空军项目）中应用的网络/动能推理模型
CLI	（命令行界面）	用户通过可执行指令与操作系统和其他程序之间进行通信
CMM	（竞争型马尔科夫模型）	用于对多状态及其迁移的概率进行建模
CAN	（计算机网络攻击）	旨在扰乱、拒绝、降级和破坏网络基础设施信息的未经授权的行动
CND	（计算机网络防御）	用于检测、监控、保护、分析和防御网络基础设施的过程和安全程序
CNE	（计算机网络渗透）	收集靶标数据并进行渗透利用，以获取相关情报信息
CORAS	（安全关键系统风险评估平台）	欧洲研发的一个框架平台，用于评估和管理安全风险
CPS	（信息物理系统）	综合计算能力、通信网络、物理环境于一体的现代化复杂系统
CPU	（中央处理器）	负责根据程序中编写的指令，执行基本的运算、逻辑、控制和 I/O 操作
CRAAM		一种风险管理方法
CSAW see-SAW]		一个全球性的、由学生组织的网络安全活动，包括竞赛和会议等内容
CSIRT		计算机安全事件响应小组
CTF	（夺旗赛）	网络安全竞赛，每个参赛者需要进入服务器并从某些秘密文件中夺取 Flag（字符串代码）以完成指定的任务

D

DA Systems	（数据采集系统）	在物理环境中使用各种类型的传感器收集数据
DAC	（数字模拟转换器）	将数字信号（输入）转换为模拟信号（输出）
DaSSF		并行分布式模拟工具，用于模拟大规模多协议的通信网络
DCS	（分布式控制系统）	属于工业遥测系统的一种类型，提供数据收集和相关设备复杂控制等功能
DDoS	（分布式拒绝服务）	使用若干个系统来瞄准和破坏目标资源的攻击方式
DMZ	（隔离区）	保护本地网络免受可疑流量影响的网络边界
DNP3	（分布式网络规约 3.0）	应用于自动化系统组件之间的通信协议
DNS	（域名解析系统）	一种类似电话簿式的服务，在网络上提供主机名和其数字地址之间映射关系
DoS	（拒绝服务）	使系统和网络设备无法被用户访问的一种网络攻击方式
DPI	（深度包检测）	当数据包通过网络上的检查节点时，对其内容进行检测分析

E

EBS	（弹性块存储）	为亚马逊 EC2 设计的可扩展、用户友好的服务
EC2	（弹性计算云）	亚马逊的一项 Web 服务，在云中提供弹性、安全的计算能力
ECDIS	（电子海图显示与信息系统）	为海军舰艇和船只提供导航功能的海图系统
ER	（高架水柜）	位于一定高度的储水容器
ESX		VMWare 的服务器可视化平台

F

FIFO	（先进先出）	在队列中最先进入、最先出去的一种方法

G

GSA	（政府安全机构）	负责开展情报活动并确保国家内部安全的政府组织
GUI	（图形用户界面）	以图形方式实现用户与电子设备的人机交互

H

HIL	（硬件在环）	一种用于开发和测试复杂的实时嵌入式系统的技术
HITL	（人在回路）	需要人机交互且需符合人为因素的模拟模型
HMI	（人机界面）	用于系统和用户进行信息交互的媒介
HTML	（超文本标记语言）	用于在网络浏览器中显示文件的设计语言
HTTP	（超文本传输协议）	一种应用层协议，用于获取和传输 HTML 文件
HTTPs	（超文本传输安全协议）	以安全为目标的 HTTP 传输通道

I

IA	（信息保障）	管理数据风险，用以保护计算机系统、网络系统等信息系统
IaaS	（基础设施即服务）	用于在互联网上提供高级 API 和其他虚拟化计算资源的在线服务
IaC	（基础设施即代码）	用于部署复杂架构的自动化方法
ICS	（工业控制系统）	通用术语，指工业化过程的各种控制系统和设备
IDs	（入侵检测）	检测对复杂网络系统有入侵企图的手段
IEC	（国际电工委员会）	负责编制和发布所有电气、电子和相关技术的国际标准组织
IO	（信息战）	泛指收集任何有关网络空间威胁的战术信息
IoT	（物联网）	一种技术范式，旨在将不同的网络设备和机器集成在一个通用的基础设施下
IPS	（入侵防御系统）	负责核查网络流量和检测系统漏洞的网络安全系统
ISEAGE	（互联网规模网络事件和攻击生成环境）	安全测试平台，用于设计和测试网络防御工具的虚拟互联网环境
ISR	（情报、监视、侦查）	负责协调数据的收集和处理，并提供可靠的信息和情报支持
IT	（信息技术）	使用计算机和相关设备来创建、处理、存储、检索和交换电子数据和信息

K

KVM	（基于内核的虚拟机）	Linux 的一个完全可视化模块

L

LAMP	Linux, Apache, MySQL, PHP /Perl/Python

M

MAC	（媒体访问控制）	OSI 模型中数据链路层的子层，负责数据传输
MB	（兆字节）	数字媒介存储数据的计量单位
MHz	（兆赫兹）	频率计量单位，1 兆赫兹相当于 100 万赫兹
MITM	（中间人攻击）	一种通过冒充并篡改通信数据间接完成攻击行为的窃听攻击方式
ML	（机器学习）	计算机科学的一个分支，研究软件应用程序根据收集到的数据准确预测结果
MIT License		起源于麻省理工学院，一种免费的、相对宽松的软件授权条款（1980 年发布）

N

NAT	（网络地址转换）	通过修改 IP 数据包头中的网络地址，在流量路由设备间转换时，将 IP 地址空间映射到其他地址的方法
NATO	（北大西洋公约组织）	由 28 个欧洲国家和 2 个北美国家建立的政府间军事联盟
NIST	（美国国家标准技术研究院）	前身为物理科学实验室，现属于美国商务部的非监管机构

O

OCA		OpenNebula 有基于 Java、基于 Ruby 和基于 Python 的 API
OCCI	（开放云计算接口）	一种方便灵活的 API，最初被设计用于管理 IaaS（基础设施即服务）模式
OCTAVE	（可操作的关键威胁和脆弱性评估）	识别和管理网络安全风险的框架
OFS	（叠加文件系统）	Linux 中将两个文件系统联合加载
OS	（操作系统）	在计算机硬件和软件资源之间提供资源服务的界面或接口
OT	（运营技术）	使用硬件和软件，直接监测或控制工业设备、流程、资产和事件的相关变化
OTcl	（一种面向对象的脚本语言）	负责对象及其前端的排列和配置

P

PaaS	（平台即服务）	云计算的一种服务模式，通过互联网向用户提供第三方硬件和软件工具
PHIL	（功率硬件在环）	硬件在环（HIL）的扩展，通过实时模拟环境完成被试系统中低电压和电流信号的交互
PLC	（可编程逻辑控制器）	一种加固的用于控制制造过程的工业计算机
PNNL	（太平洋西北国家实验室）	拥有研究和科学设施的美国实验室

Q

| QoS | （服务质量） | 在限制网络容量的情况下，保证网络能够可靠运行高优先级的应用程序和网络流量的一组技术 |

R

RBAC	（基于角色的访问控制）	一种限制系统只允许被授权用户访问的方法
RTDS	（实时数字模拟系统）	实时的电力系统模拟器
RTU	（远程终端单元）	通过微处理器将测量的数据传输到主系统的电子设备，提供物理实体和 SCADA 系统之间的接口

S

SAB	（科学咨询委员会）	国际科学专业人士从事生命科学和医学领域研究的机构
SAML	（安全断言标记语言）	基于 XML 的开放标准，用于两个实体之间的认证和授权数据的交换
SAP	（安全保障平台）	用户不断断监视、测试和评估安全状态的一套平台工具
SCADA	（数据采集与监视控制系统）	用于控制设备实时数据采集和分析的计算机系统
SCCS	（源代码控制系统）	用于跟踪源代码变化的版本控制系统
SDM	（数据库管理模拟器）	在 RINSE 中，用于在 iSSFNet 和 SQL 数据库之间进行数据传输
SEAL	（快速学习安全环境）	在 SAST 中提供管理功能
SEC	（Shell 可执行命令）	负责接收来自 Tcl 脚本输入的名称和参数
SEE	（安全可执行环境）	用于拦截爬虫系统执行调用的不一致性检测环境
SEER	（安全实验环境）	DETER 实验平台的测试环境
SES	（系统实体结构）	以分层的结构方式表示网络元素和它们之间的关系
SGI	（美国硅图公司）	计算机硬件和软件制造商
SITL	（软件在环）	用于创建、测试和驾驶虚拟车辆的模拟器
SLAM-R		在 SIMTEX 网络靶场中提供虚拟训练环境或模拟器
SNA	（网络架构模拟）	用于网络安全研究的网络模拟工具
SNMP	（简单网络管理协议）	用于管理和监控网络设备的网络协议
SOAP	（简单对象访问协议）	基于 XML 的协议，用于在分布式和分散的应用环境中信息交换
SOC	（安全运营中心）	从组织层面和技术层面处理安全问题的集中管理机构
SQL	（结构化查询语言）	用于管理和执行关系数据库中数据操作的数据库语言
SSD	（Solid-State Drive，固态硬盘）	新一代基于闪存存储技术的硬盘
SSF	（可扩展模拟框架）	负责提供简洁且出色的接口，用于构建独立事件模拟环境
SSH	（安全外壳协议）	一种用于安全执行网络服务的加密协议
SSL	（安全套接层）	一种为设备连接互联网提供安全传输通道的协议
SUT	（被试系统）	需要对某些性能或操作进行测试评估的系统
SVN	（软件虚拟网络）	不考虑具体物理位置，将虚拟机和其他设备连接到虚拟网络中
SWAT	（安全水处理）	用于网络安全培训和研究的水处理测试平台

T

TCP/IP	（传输控制协议/国际互连协议）	互联网和相关计算机网络进行通信的协议族
TDL	（测试描述语言）	用于详细描述被测安全设备实体及属性
TRMC	（试验资源管理中心）	美军试验与鉴定基础设施，负责维护军队网络靶场
TTPs	（战术、技术和程序）	基本的网络安全概念，用于定义、识别和分析攻击者（黑客）的一般战术

U

UAS	（无人机系统）	遥控飞行器
UAV	（无人驾驶飞机）	可远程控制或地面控制的飞行器，简称为无人机
UCS	（统一计算系统）	将服务器、网络和存储访问功能集成到单个统一的系统中
UDP	（用户数据报协议）	用于在互联网应用之间建立低延迟、无连接的一种通信协议
UF	（超滤）	水以压力形式通过半透膜的净化过程
UGS	（地面无人系统）	一种无人值守操作的地面车辆
UML	（统一建模语言）	一种常用的开发和建模语言
USB	（通用串行总线）	用于将外部设备连接到计算机的外部接口

V

VAPT	（脆弱性评估和渗透测试）	网络脆弱性测试工具
VCSTC	（虚拟网络安全试验能力靶场）	一个基于模拟技术构建的网络靶场
VLAN	（虚拟局域网）	能够将分布在局域网内的设备集合在一个子网络的技术
VM	（虚拟机）	在物理服务器内运行的虚拟计算机
VMM	（虚拟机监视器）	支持创建和控制虚拟机的软件，并管理物理机上的虚拟化环境
VNX		一种虚拟化技术，Celerra [NS20、NS40 等等] NAS 框架平台，CLARiiON[CX3、CX4 等等]SAN 框架平台
VoIP	（网络电话）	通过 IP 网络提供语音通信和多媒体的技术
VPC	（虚拟私有云）	在公共云环境中，即时可用和可配置的共享资源池
VPN	（虚拟专用网络）	在公共网络上扩展私人网络功能，使数据直接在两个网络上共享的技术

W

WADI	（水分配）	SWAT 测试平台的扩展，用于模拟物理攻击效果，如化学剂注入和水泄漏
WAN	（广域网）	用于计算机联网的远程通信网络
WiMAX	（全球微波互联接入）	一组基于 IEEE802.16 标准的无线宽带通信标准
WSDL Web	（服务描述语言）	一种描述网络服务的 XML 格式
WSS	（供水系统）	由压力管道、水源和终端用户组成的网络

X

XML	（可扩展标记语言）	人类和机器都能够读懂的一套代码
XSS	（跨站脚本）	恶意攻击者利用安全漏洞破坏 Web 应用的攻击方式

作 者 简 介

比什瓦吉特·潘迪教授在都灵理工大学（电气工
程专业世界排名第 13）保罗·普利尼教授的指导下，
在意大利拉奎拉的格兰萨索科学研究所获得了计算机科
学与工程（CSE）博士学位。他曾先后担任过奇卡拉大
学研究部助理教授、南亚大学初级研究员、英迪拉·甘
地国立开放大学讲师，现在是奢那大学（位于印度班加
罗尔）的副教授。他曾获得计算机科学与工程技术硕士（IIIT Gwalior）学位，
研究方向为超大规模集成电路；还获得了计算机应用硕士，在印度诺伊达超算
开发中心研发项目。他独自和合作撰写论文 137 篇，这些论文可从 https://www.
scopus.com/ authid/detail.uri?authorId =57203239026 下载获取，从 https://scholar.
google. co. in/citations?user =UZ_8yAMAAAAJ&hl =en 查看超过 1400 条的引用
记录。他在创新创业、计算机网络、数字逻辑、逻辑综合和 SystemVerilog 语
言等教学方面经验丰富。主要研究领域包括绿色计算、高性能计算、网络物理
系统、人工智能、机器学习和网络安全。他担任多家他学生创办公司的董事会
成员，如 Gyancity 研究咨询有限公司。

沙贝尔·艾哈迈德博士以优异成绩在意大利拉奎拉
大学先后获得信息通信技术和电子工程的学士学位以及
信息与控制工程的硕士学位。据意大利报纸报道，他是
第一个从意大利大学毕业并获得金质奖章的外国人（亚
洲人）。2016 年，他成为东京芝浦工业大学的客座助理
研究员。随后，在日本东芝株式会社任控制系统工程
师。不久，加入了意大利顶级研究机构格兰萨索科学研究所（国家核物理研究
所），继续他在网络安全和控制系统领域的博士研究工作。2018 年 8 月，他在
丹麦奥尔堡大学举行的第四届绿色计算和工程技术国际会议上获得了青年科学
家奖。主要研究方向是线性和非线性控制系统、关键基础设施网络安全、混合
型网络靶场以及关键基础设施（特别是供水系统）的仿真。